Bibliografische Information der Deutschen Nationalbibliothek:

Die Deutsche Bibliothek verzeichnet diese Publikation in der Deutschen Nationalbibliografie; detaillierte bibliografische Daten sind im Internet über http://dnb.d-nb.de/ abrufbar.

Impressum:

Druck und Bindung: Books on Demand GmbH, Norderstedt Germany
ISBN: 9783640508938

Dieses Buch bei GRIN:

http://www.grin.com/de/e-book/141883/geschmiedete-blanke-waffen-symbole-der-macht-kraft-und-eleganz-drahtherstellung

Wolfgang Piersig

Geschmiedete blanke Waffen – Symbole der Macht, Kraft und Eleganz. Drahtherstellung.

Beiträge zur Technikgeschichte (3)

GRIN Verlag

Geschmiedete blanke Waffen

–

Symbole der Macht, Kraft und Eleganz.

-

Drahtherstellung.

-

Beiträge zur Technikgeschichte (3)

Dr.-Ing. Wolfgang Piersig

•

Berg- und Adam-Ries-Stadt Annaberg-Buchholz im Dezember 2009

–

Geburtsstadt von Emil Heyn.

Inhaltsverzeichnis.

Vorwort.

Der dritte Band der Beiträge zur Technikgeschichte beinhaltet die Themen „Geschmiedete blanke Waffen – Symbol der Macht, Kraft und Eleganz“ wie auch die „Drahtherstellung - eine Schmiedtechnik und Schmiedetechnologie“ und er fasst ihre wesentlichen geschichtlichen Fakten in konziser Form zusammen.

Das Buch ist für einen breiten Leserkreis von Interesse – sei es, um sich über die historische Entwicklung der Blankwaffen und/oder der Drahtfertigung zu informieren, oder um bereits Bekanntes aus ihrer Fortentwicklung aufzufrischen, zu vervollständigen beziehungsweise nachzuschlagen.

Inhaltliche Schwerpunkte sind unter anderem die Genese der geschmiedeten blanken Waffen, die Chronologie zur Entwicklung der Blankwaffen, die Zeit- und Stilepochen des Schmiedens, wie die Entwicklung des Schmiedens von den Anfängen bis ins Mittelalter sowie die Entwicklung des Schmiedens vom Mittelalter bis zur Gegenwart, das Schmieden eine Handwerkskunst sowie die Drahtherstellung – eine Schmiedtechnik und Schmiedetechnologie.

Neben den kapitelbezogenen Schrifttumsangaben ist außerdem noch eine überaus umfangreiche Zusammenstellung über Zusatzliteratur zu der Schmiedetechnik und zu den historischen Blankwaffen aufgenommen.

Geschmiedete blanke Waffen – Symbole der Macht, Kraft und Eleganz [1].

Definition des Gegenstandes.

Zur Erläuterung des Gegenstandes dieses Beitrages wird eine Definition des Begriffes Waffen im Allgemeinen wie auch der Blankwaffen, auch als blanke Waffen bezeichnet, im Besonderen, vorangestellt.

In der Literatur ist festgehalten: „Waffen (althochdeutsch Wapen) sind Werkzeuge zur Schädigung des Feindes oder zum Schutz gegen feindliche Schädigungen (Schutz- und Trutzwaffen)."

Eine modernere Definition ist die aus [8], wonach folgendes unter dem zu behandelnden Gegenstand verstanden wird: „Waffen ist die Sammelbezeichnung für alle Mittel und Vorrichtungen, deren man sich im Kampf bedient, um die Truppen des Gegners zu vernichten bzw. zu schädigen und sein militärisches und ökonomisches Potential zu zerstören. Dabei wird die Hieb-, Stich-, Spreng-, Splitter-, Brand- Strahlungs-, Vergiftungs- oder Verseuchungswirkung ausgenutzt.

Und nach Seitz [2] und Seifert [3] gilt für blanke Waffen: „Eine Blankwaffe, auch blanke Waffe, ist eine Waffe, die ihre 'Antriebskraft' aus dem direkten Einsatz der Muskelenergie bezieht."

Ihren Ursprung haben sie mit höchster Priorität im ordinären Werkzeug, was der Mensch sich geschaffen hatte. Denn ursprünglich waren Waffe und Werkzeug ein und dasselbe.

Zur Erfindung von Waffen und Werkzeugen hat den Menschen die Befähigung zur Selbstbeobachtung geführt. Demgemäß erscheinen die ersten Werkzeuge und Waffen durchaus als Verlängerung und Verstärkung oder Verschärfung leiblicher Organe, unter Benutzung der zur Hand befindlichen Gegenstände.

Dazu fand und findet der Mensch in allen drei Naturreichen (d. h. den Gruppen der Naturgegenstände: Mineral-, Pflanzen und Tierreich) Muster für die Herstellung seiner Werkzeuge und Waffen. So fand er beispielsweise die Grundtypen des Keils, des Meißels, der Axt- und Beilklinge massenhaft an den Ufern der Gewässer. Auch der Baumast war das Modell für die Hacke, des Hammers, der Axt und mehrzackige Zweige waren Vorlage von Gabeln, Dornen als Pfriemen und Nadeln sowie Wurzelknollen die Urgestalt für Keulen. Das Vorbild für die Schutzrüstung findet der Mensch im Schuppenpanzer der Schuppen- und Gürteltiere.

[1] Piersig, W.: Kurzer punktueller, geschichtlicher Überblick zu den blanken Waffen, Fertigungstechnik und Betrieb 40 (1990) H. 2, S. 121/122.
[2] Seitz, H.: Blankwaffen, 2 Bände, Braunschweig: Klinkhardt & Biermann 1965/1968.
[3] Seifert, G.: Fachwörterbuch der Blankwaffenkunde, Haiger: Eigenverlag 1981.
[8] Meyers Lexikon, Zwölfter Band, Sp. 913/914, Leipzig: Bibliographisches Institut 1930.

Die Urformen der Trutzwaffen waren Stein und Stock, dann erst folgte das Metall; und auch die Urgestalt einer Schutzwaffe, zum Beispiel der Schild, waren der Knüppel, das Tierfell, erste Geflechte, Rinden- und Holzgebinde, also nichtmetallische Naturgegenstände. Und mit der Entwicklung der Menschheitsgeschichte stieß der Mensch auf Metalle und schuf sich daraus auch blanke Werkzeuge und blanke Waffen.

Allgemein gehören zu den blanken Waffen, worüber zu einer Ausführungsart die historische Entwicklung nachfolgend etwas näher betrachtet wird, gehören alle Klingenwaffen, die über ein scharf und spitz ausgebildetes (geschliffenes) Stück Metall (Klinge) als wirksames Element verfügen.

Der Griff einer Klingenwaffe, so sie mit der Hand geführt wird, heißt Heft, bei Säbeln, Schwert, Degen, Rapier und Florett Gefäß. Bei Klingenwaffen sind das Heft und der Schaft meist axial angeordnet. Werden Sie zur Jagd benutzt, dann heißen sie oftmals kalte Waffen. Ist die Klinge bei blanken Waffen an einer langen Stange (Schaft) befestigt, wird von Stangenwaffen gesprochen.

Unterteilt werden gemeinhin die Klingenwaffen in Hieb- und Stichwaffen. Zu den blanken Waffen zählen auch die Schlagwaffen, beispielsweise der Streitkolben sowie verschiedene Formen der Beile und Äxte, der Morgenstern, aber auch allerlei Arten der Keule. Weit verbreitet werden zu den Blankwaffen auch Fernwaffen, wie Pfeil und Bogen sowie die Armbrust, gezählt, bei denen gespeicherte Muskelkraft die Energie für die Verteidigung vor bzw. für den Angriff des Gegners liefert.

Über die geschmiedeten blanken Waffen.

Solange der Mensch Werkstoffe (insbesondere Metalle) nutzt, seitdem fertigt er aus ihnen nicht nur Werkzeuge, sondern auch Waffen. Anfänglich waren für ihn Werkzeug und Waffe ein und dasselbe. Aber besonders im Altertum vollzog sich da seit der Nutzung der sieben Metalle der Antike ein Wandel, nämlich die ursprünglichen Waffen für die Jagd wandelten sich zu Waffen für den Kampf. So schuf der Mensch sich aus den Metallen neben Trutz- auch Schutzwaffen. Damit waren die Metalle bereits von den Anfängen ihrer Nutzer nicht nur von Positivem begleitet.

Schon aus Homers Epen (um 800 v. u. Z.) „Ilias“, das Poem des Krieges, und „Odyssee“, das Poem des Friedens, sind über die Verwendung der Metalle für kriegerische Zwecke deutliche Aussagen getroffen. So waren danach die Helden des Trojanischen Krieges (1193 bis 1184 v. u. Z.) Achilles [1)], Hektor [2)] und Patroklos mit „kupfergetriebenen Rüstungen“ bekleidet und schlugen mit „langspitzigen Kupferschwertern“, und der hüftlahme Gott der Schmiede Hephaitos erzeugte eine wundervolle Legierung und schmiedete den Bronzeschild des Achilles.

Weiteres über den friedlichen sowie nichtfriedlichen Einsatz des ersten Gebrauchsmetalls Kupfer schrieb auch der römische Dichter Lucretius (96-55 v. u. Z.) in seinem Werk „De rerum natura“. Und erste Hinweise über die Herstellung der „blanken Waffen“ (genauso genommen der „kalten Waffen“) gibt es aus der Bronzezeit (um 3000 v. u. Z.), u. a. aus dem Vorderen Orient.

Zu den frühen Waffen gehören Schwerter. Historiker gehen davon aus, daß sich das Schwert aus der behauenen Steinaxt und dem gespitzten Stock entwickelt hat. Das älteste bekannte Schwert stammt aus der Zeit um 3000 v. u. Z., es folgten Schwerter aus Eisen und schließlich aus gehärtetem Stahl.

Solche Sachzeugnisse sind zum Beispiel ein bei Ausgrabungen des sumerischen Königsgräber vor Ur gefundener eiserner Dolch mit Gold belegtem Griff (um 3100 v. u. Z.) sowie der Bodenfund einer eisernen, kunstvoll gestalteten Axt aus Ugarit (um 1400 v. u. Z.).

Als Waffenmaterial setzte sich Eisen erst mit der Kenntnis seiner Härtbarkeit (in der 2. Hälfte des 1. Jahrtausends v. u. Z.) durch. Ab diesem Zeitpunkt begann sich dann auch bei vielen Völkern die Schwertschmiedekunst zu entwickeln. Als die wohl hervorzuhebendsten Fertigungstechniken zählen die Eisenverarbeitung zu natürlichem Damast, zu Strukturdamast oder Gussdamast.

[1)] Achilleus (dt. Achill oder latinisiert Achilles, Geburtsname eigentlich Ligyron) ist in der griechischen Mythologie ein unverwundbarer Held der Griechen (Achaier) vor Troja.

[2)] Hektor ist eine Gestalt aus Homers berühmtem Epos „Die Ilias“. Er ist vor seinem jüngeren Bruder Paris der älteste Sohn des Königs von Troja, Priamos und dessen Frau Hekabe sowie Gatte der Andromache und ist der wichtigste Held und Heerführer Trojas im zehnjährigen Trojanischen Krieg.

[3)] Patróklos („Ruhm des Vaters“, lat. Patroclus), Sohn des Menoitios und der Sthenele, ist in der griechischen Mythologie engster Freund und Waffengefährte des Achilleus und einer der griechischen Kämpfer vor Troja, den er in den Trojanischen Krieg begleitete.

Zuerst beherrscht wurde diese Technologie von den Schmieden in Indien wie auch Persien. Ihre damaszierten Waffen stellten sie aus indischem Wutzstahl her. Darüber hinaus wurde diese Erzeugung von Schweißdamast auch in Asien, Afrika und Europa beherrscht. Bekannt ist auch, daß bereits zurzeit von Kaiser Diokletian (um 230-313 oder 316) vermutlich unter Verwendung von indischem Stahl in den Klingenschmieden von Damaskus Waffen mit Damaszenerklingen gefertigt wurden. Von dem Ort ihrer Fertigung kommt wahrscheinlich auch die Bezeichnung „Damaststahl".

Auch in Japan war die Kenntnis zur Herstellung von Damastschwertern frühzeitig bekannt. Nachweislich wurden dort bereits zur Zeit des Prinzregenten Shotoku (573-621) solche hergestellt, später unter Kaiser Gutoba (1180-1239) erreichten die japanischen Damaszenerwaffen einen besonders hohen Stand.

Auf dem Gebiet der Entwicklung der blanken Waffen ist weiterhin folgendes überliefert.

In Ägypten kam es schon zur Zeit der Pharaonen (im 3. zum 2. Jahrtausend v. u. Z.) zu einer Verwendung von Metallen für die Waffenfertigung, wobei anfänglich die Buntmetalle, zum Teil verarbeitet mit den Edelmetallen bestimmend waren. Eisen wurde erst im Neuen Reich (1527 bis 1080 v. u. Z.) als Material für blanke Waffen angewendet.

Für Indien wird vermutet, daß um 1000 v. u. Z. die Eisenschmiede aus dem Inneren von Asien eingewandert sind. Bedeutungsvolle von ihnen gefertigte Waffen stammen sowohl aus der Zeit der Shaishuangu-Dynastie (etwa 6000 bis 372 v. u. Z.) wie auch der Maurya-Dynastie (322 bis 185 v. u. Z.).

Aus Griechenland ist bekannt, daß dort Metalle bereits zur mykenischen Zeit (im 2. Jahrtausend v. u. Z.) zu Waffen in recht ausgeprägter Form verarbeitet worden sind. Eiserne Schwerter treten etwa ab 1100 v. u. Z. da verstärkter auf.

Während sich in Zentralafrika (zum Beispiel in Mauretanien) die die Waffenschmiedekunst bis in die Zeit um 1200 v. u. Z. annehmen läßt, setzt die eigentliche Metallurgie wie auch die Metallbe- und –verarbeitung aber erst vom 1. zum 2. Jahrtausend dort ein. Nach El Zouhri soll etwa um 1150 im alten Ghans-Reich mit Eisenschwertern oder Eisenlanzen gekämpft worden sein.

Auch bei den nordamerikanischen Indianern im Gebiet der Großen Seen wurde schon um 2000 v. u. Z. gediegen gefundenes sowie bergmännisch abgebautes Kupfer auch zu Waffen verarbeitet.

Zu Ausgang der Stadtstaaten und der Zeit Hammurabis (1792-1750 v. u. Z.) beschränkte sich sowohl die Metall- als auch die Waffenproduktion in Mesopotamien nur wenige Städte, zum Beispiel auf Durgurguri – die Festung der Kupferschmiede, Sippar – die Bronzestadt, und Eriden – die Schmiedesiedlung.

Auch in Europa war dies örtlich anfänglich recht begrenzt. Nachdem um 1000 v. u. Z. das Eisen in die Alpenländer gelangt war, wurden nur in der Hallstädter Umgebung im heutigen Österreich in der Zeit etwa ab 750 bis 450 v. u. Z. von den Kelten gute Waffen hergestellt.

Nach ihrem Charakter und ihrer Anwendung wird bei den blanken Waffen zwischen Hieb-,

Stich- und Stoßwaffen unterschieden. Zu den bekannt gewordenen Hiebwaffen gehören das Schwert, der Pallasch, der Dussak, der Säbel und die Axt, zu den wichtigsten Stichwaffen zählen der Degen und der Dolch. Neben diesen „kurzen Waffen", den Griff- oder Seitenwaffen, wurden auch Stangenwaffen verwendet, wozu unter anderem der Spieß, der Speer, später die Hellebarde, die Partisane, die Gelfe, die Runka gehörten. Zu den verwendeten kurzen Schlag- und Stoßwaffen zählt die Keule, der Streitkolben und der Streithammer; bei den in Anwendung gestandenen Stangenwaffen hatten der Morgenstern und der Kriegsflegel besondere Bedeutung erlangt.

Neben diesen Trutzwaffen legten die Kulturvölker des Altertums auch besonderes Gewicht auf ihre Schutzwaffen.

Zu den ersten ägyptischen blanken Waffen und militärische Ausrüstungen zählten Speer, Stabkeule, Streitaxt, Schwert, Krummsäbel, Panzerhemden, rechteckiger bzw. ovaler Schild. Metallhelme trugen meist nur Könige. Einen solchen trugen dagegen alle Krieger bei den Assyrern, den Persern sowie den Medern.

Geführt wurden Schwerter aus Bronze, Eisen, zum Teil auch Stahl; Lanzen Streitkolben, Stachelkeulen, Streitäxte, teilweise stählerne Panzerungen, runde Schilde mit Stoßspitzen.

Hauptwaffe der Griechen waren Speere, Spieße, Schwerter, Plattenrüstungen, runder bzw. ovaler Schild, zum Teil erzumrundet, mit Schildnabel wie auch Schildsprüchen.

Typische römische Waffen waren Schwert, Wurfspeer und Lanze. Zum Schutz wurden Gurtpanzer aus Metallstreifen, zum Teil Metallhelme, oft auch Schild getragen.

Urwaffe der Germanen war eine Blankwaffe, die Framea (Celt). Sie war zum Wurf, Stoß und Hieb geeignet. Später nutzten sie Streitaxt, Kriegsbeil, Streithammer, Wurfkeule, Morgenstern, Teutona oder Cateja, Speer, Angon, Ger, Spieß, Pinke, Lanze, Partisane, Korseke, Gelve, Panzerbrecher u. a. m.

Zu den berühmtesten Zentren der Blankwaffenherstellung zählten Toledo in Spanien, Mailand, Brescia in Italien, Solingen, Passau in Deutschland, Slatoust in Rußland, Bradley in England.

Mit der Entwicklung des Schießpulvers und den Feuerwaffen verloren die blanken Waffen ausgehend vom 14. Jahrhundert immer mehr an Bedeutung. Es kam zu einem Wechsel der Bedürfnisse; der Hauptbedarf wechselte einerseits von der blanken Waffe zur Handfeuerwaffe und den Geschützen, aber andererseits auch von der Kampf- und Schutzwaffe zur Prunk- sowie Turnierwaffe wie auch Sportwaffe.

In dieser Periode hin zu den Handfeuerwaffen, also diejenigen tragbaren Feuerwaffen, welche aus der Hand abgefeuert werden, liegt die Wiege der Stand-, Hand- und Faustrohre mit Streitaxt, der Donnerbüchsen sowie die sich bis zum 15. Jahrhundert entwickelnden Donnerbüchsen und Hakenbüchsen oder Arkebusen. Verbunden mit dieser Entwicklung war auch die Weiterentwicklung der Fähigkeiten und Fertigkeiten der Waffenschmiede.

So mussten ab dem 14. Jahrhundert die Schmiede geübt sein, den Lauf beispielsweise mit rotationssymmetrischer Verbreitung, der aus Schmiedeeisen war, über einen Dorn zuschweißen und diesen in einen geraden Schaft zu arretieren. Anfang bis zur Mitte des 15. Jahrhunderts mussten die Waffenschmiede bereits die Fertigung der Pfanne und von Luntenschlössern mit beherrschen. Hinzu kam auch die Schaffung der Handbüchse.

Mitte des 15. Jahrhunderts mussten sich die Waffenschmiede auch die Tüchtigkeit erwerben solche Handrohe, die Vorläufer der Faustrohre und der Karabiner waren, als Feuerwaffe der Reiter fabrizieren zu können. Eine frühe Fertigung dieser ist unter dem Namen Scopitus in Frankreich und Escopette sowie Poitrinal in Italien überliefert.

Mehr und mehr gehörte es auch zu ihren Tätigkeiten, die Büchsen mit Visier und Korn sowie mit einer Ladestockrinne im Vorderschaft und einer Kolbenverdünnung in hoher Qualität auszustatten. Ab bzw. nach 1517 kam die Kunst der Fertigung des von einem Nürnberger Urmacher erfundenen Radschlosses hinzu. Auch revolverähnliche Drehlinge sowohl als Fäustling wie als Wendergewehr konnten Waffenschmiede in der ersten Hälfte des 16. Jahrhunderts fertigen.

In Frankreich waren die Waffenschmiede 1543 erfahren, für Reiter und Mineure die ersten Karabiner zu fertigen. Um dieselbe Zeit waren bayrische Waffenschmiede in der Lage den Doppelabzug oder Stecher und in Spanien das Schnapphahnschloss und folgend nach 1630 zuerst in Frankreich das Steinschloss sowie weit verbreitet ab 1648 als Batterie- oder Steinschloss herzustellen. Nach 1807 mussten sich diese Schmiede befähigen in der Verfertigung von dem von dem Schotten Alexander Forsyth erfundenen Perkussionsschloss. Routine hatte die Schmiede dieser Zeit auch in der Herstellung von eisernen Ladestöcken.

Über die weitere Spezialisierung der Waffenschmiedearbeiten in der Hochzeit der industriellen Revolution und danach ist einer weiteren spezielleren Veröffentlichung vorbehalten.

Noch anzumerken wäre abrundend auch, bei vielen Völkern hat irgendwann das Schwert eine Rolle gespielt. Als Waffe wurde ihm dabei in nahezu allen Kulturen und durch alle Jahrhunderte hindurch ein bedeutungsvoller Rang beigemessen als irgendeiner anderen. Als blanke Waffe ist es inzwischen überflüssig geworden.

Übrigens, ein Schwert war aber nur dann ein angemessener Schutz gegen den Feind, wenn sein Träger mit ihm entsprechend geschickt umzugehen wusste. Besonders wichtig dabei war, der Arm des Trägers und das Schwert mussten eine Einheit sein, um seine Symbolik als kämpferische Macht zu sichern und nicht zum Hindernis zu werden.

Apropos, in der Ausführung der Schwerter spiegelte sich stets auch die Kultur der Metallformung wie auch das Können der Waffenschmiede wieder und offerierte gleichzeitig Dabei konnte ein schmuckvolles Schwert in seiner Scheide ein Gegenstand rein dekorativer Schönheit sein, beispielsweise mit einem kunstvoll gearbeiteten Heftgriff mit kostbaren Edelsteinen verziert. Aber, war es sehr simpel geschmiedet, so reduzierte es sich auf seine Zweckmäßigkeit.

Ab und an wurde die Schwertscheide, um ein weiteres effektvolles Element zu besitzen, auch aus Holz geschnitzt oder aus rein funktionellen Gründen auch aus gewöhnlichem Metall geschmiedet. Im Übrigen ließen die christlichen Kreuzritter beispielsweise ihre Schwerter mit einem kreuzförmigen Heftgriff als Symbol der Verehrung Gottes fertigen

Notabene, geschmückt waren blanke Waffen, insbesondere Schwerter, oft auch mit Gravuren, die auf die todbringende Kraft dieser Waffen verweisen, wie zum Beispiel mit der Inschrift „Memento Mori".

Und – während der Entwicklung der blanken Schwerter wie auch bei dem Übergang von den kalten Waffen zu den Handfeuerwaffen, veränderte sich auch die Bedeutung dieser Stichwaffen spürbar, nämlich anfangs waren zum Beispiel Schwerter nur Nahkampfwaffen, bald stellten sich aber auch die gesellschaftliche Bedeutung seines Trägers dar und

schmückten ihn gleichsam wie seine Kleidung, Haarpracht oder Schmuck.

Eigentlich wandelte sich ab da der funktionelle Charakter des Schwerts offensichtlich in seine neuen Hauptfunktionen, bekanntlich Wohlstand, Status und Macht sowie darüber hinaus auch kunsthandwerkliche Meisterschaft der Metallformung zu demonstrieren. Für die Waffenschmiede und die Kunsthandwerker eröffnete sich nun ein breites Feld für die Metallbe- und Materialverarbeitung, um den Reichtum sowie das Luxus- und Repräsentationsbedürfnis für den Trägen zum Ausdruck bringen zu können.

Zu den luxuriösesten und bedeutenden Schwertern zählen vornehmlich das Biennais Prunkschwert von Kaiser Napoleon (1769-1821), das Schwert von Peter I. Aleksejewitsch, der Große (1672-1725) wie auch dem Kunst liebenden Preußenkönig Friedrich Wilhelm der Große (1620-1688). Heute beeindrucken diese pompösen Schwerter der gewichtigen Männer der Geschichte als historische Zeitzeugnisse die Museumsbesucher in aller Welt.

Angemerkt werden muß unbedingt auch noch, aufgrund ihres unschätzbaren historischen Wertes sind diese wie auch viele andere auch unbezahlbare Symbole herrschender Macht und Entschlossenheit.

Und wohl wissend, wurden blanke Waffen, wie die Schwerter, erst einmal aus der Scheide gezogen und am Heftgriff gehalten, verbreiteten sie allein schon dadurch Angst, Furcht und Schrecken. Diese Empfindungen untermauerte der große Feldherr Napoleon sehr deutlich mit seiner Aussage - „Es gibt nur zwei Mächte auf der Welt: Schwert und Geist. Auf lange Sicht siegt das Schwert stets über den Geist." Wie wahr, in der Menschheitsgeschichte bis zum heutigen Tage ist dies häufig eine bittere Erkenntnis gewesen; glücklicherweise siegt manchmal in den Köpfen der Menschen die Vernunft, dann ist es auch möglich, diese Kräfteverhältnis umzudrehen.

Blanke Waffen haben ihren friedlichsten Charakter als verschlossene, gut zu betrachtende Museumsstücke oder Sachzeugnisse in Privathand hoch gehangen, gut sichtbar an der Wand.

Ergänzend wäre noch anzuführen, da die Waffen zu allen Zeiten als Ehrenschmuck des Krieges wie jedes waffenfähigen, unbescholtenen Mannes galten, ihr Verlust daher als Schmach oder wohl auch gleich dem Verlust der Ehre angesehen wurde, hat sich bei die den alten Völkern, namentlich den Germanen, eine Symbolik der Waffen entwickelt, die tief in das Volksleben eingriff.

Die Hasta (Speer) diente den Königen aller Zeiten als Zepter, Zeichen der Herrschergewalt, der Braut wurde bei der Vermählung mit der Hasta das Haar gescheitelt. Die Zusendung eines zerschnittenen Pfeils galt bei den Schweden noch im 8. Jahrhundert als Kriegserklärung und Einberufung der streitbaren Mannschaft, Heerpfeil. Bei den Bayern galt das Hineinschießen eines Pfeils in ein Gehöft als Fehdeerklärung.

Vor allen Waffen ist das Schwert reich mit der Symbolik umwoben, die auch durch die Kreuzform der Parierstange religiösen Charakter erhielt, daher bei der Eidesleistung das Schwert gleich dem Evangelium galt.

Bei den alten Germanen war die Verleihung der Waffen ein feierlicher Akt, wodurch der heranwachsende Knabe in die Reihe der wehrhaften Jünglinge aufgenommen ward. Hin und wieder war es auch Sitte, dem gefallenen Krieger die Waffe mit in das Grab zu geben oder mit ihm zu verbrennen, während anderwärts die Waffe der Väter auf die Söhne forterbten, um diese zur Nachahmung der väterlichen Tugenden anzuspornen.

Waffen dienten oft auch zur Aufrichtung von Siegeszeichen. Bei den Römern wurden insbesondere die Waffen feindlicher Feldherren in den Tempeln aufgehängt.

Chronologie zur Entwicklung der Blankwaffen.

Steine und Knüppel mögen die ersten Waffen gewesen sein. Auch vor ihnen galt es sich zu schützen. Wie die Menschen dies taten, wird folgend, unter Benutzung der Quellen [4] bis [9], beschrieben.

Ägypter trugen als Kopfschutz mit Metallplättchen besetzte Lederkappen, die Könige einen Metallhelm, einen mit Lederstreifen besetzten Rock, auch Panzerhemden von Krokodilhaut oder Lederhemden, dachziegelförmig mit Bronzeplatten besetzt, einen großen Schild mit Augenloch; das schwere Fußvolk einen kurzen Speer, Stabkeule, Streitaxt, kurzes Schwert, sichelartigen Krummsäbel (Khops), das leichte Fußvolk den Bogen; im sehr beliebten Kriegswagen standen zwei Mann, ein Bogenschütze und ein Wagenlenker, zugleich Schildträger.

Bei den Assyrern, Persern, Medern etc. kämpften auch die Könige mit Pfeil und Bogen, später mit Wurfspieß und Streitaxt vom Streitwagen. Sie trugen, wie alle Krieger, einen Metallhelm oder Lederkappe, Linnenpanzer, später mit (sogar tauschierten) Eisenplatten benäht (Schuppenpanzer), auch stählerne Panzerhemden und Panzerhosen, kleine, runde Schilde mit Stoßspitzen. Sie führten Schwerter aus Bronze, Eisen, auch Stahl (Damaszener Arbeit), Lanzen, Streitkolben, Stachelkeule (Morgenstern), Streitäxte mit Doppelschneide, Schleudern. Berühmt war die babylonische Reiterei; die leichten Reiter trugen Linnenpanzer und führten Bogen, schweren Metallhelm, mit dem Eisenpanzer durch die Halsberge verbunden, Beinschienen, Schwert und Stoßlanze; auch die Pferde wurden gepanzert.

Die Perser hatten auch eine Art Feldgeschütze, fahrbare Wurfmaschinen, und vorzügliches Belagerungsgerät an Wurfmaschinen, Sturmböcken (Widder), Sturmleitern, hohe Wandeltürme, sogar einen Brückentrain.

Bei den Griechen vervollkommneten sich alle Waffen, die Panzer zur wirklichen Plattenrüstung, Brust- und Rückenpanzer waren durch Schnallriemen verbunden, den Unterleib deckten Panzerflügel, die Schultern Schulterstücke; es gab auch Lederkoller, Schuppen- und Ringpanzer. An den Unterschenkeln saßen Beinschienen. Der Helm war vielgestaltig, der Schild anfänglich rund, später oval, erzumrandet, mit Schildnabel, auch Schildsprüchen. Hauptwaffe war der Speer, bis 2,5 Meter lang, als Stoß-, Wurf- und Riemenspeer; der um den Speer gewickelte Riemen versetzte letztern beim Wurf in Drehung. Später erreichte der Spieß gegen fünf Meter Länge und wurde mit zwei Händen geführt; das

[4] Meyers Konversations-Lexikon, Achter Band, S. 102, Leipzig: Verlag des Bibliographischen Instituts 1887.
[5] Meyers Konversations-Lexikon, Sechzehnter Band, S. 312/314, Leipzig und Wien: Verlag des Bibliographischen Instituts 1890.
[6] Meyers Großes Konversations-Lexikon, Band 20, S. 292/293, Leipzig: Verlag des Bibliographischen Instituts 1909.
[7] Meyers Lexikon, Fünfter Band, Sp. 1049/1056, Leipzig: Bibliographisches Institut 1926.
[8] Meyers Lexikon, Zwölfter Band, Sp. 913/914 und Tafel: Entwicklung der Waffen, zwischen Sp. 112 und 113, Leipzig: Bibliographisches Institut 1930.
[9] Meyers Neues Lexikon, Band 14, S. 638, Leipzig: VEB Bibliographisches Institut 1976.

zweischneidige Schwert war etwa 0,5 Meter lang. Den Bogen fertigte man aus Tiergehörn (Doppelbogen). Außerdem hatte man Horizontal- und Wurfgeschütze in verschiedenen Kalibern, erstere (Euthytona) schossen Pfeile, letztere (Palintona) warfen Steine; die Gastrapheten, eine Art großer Armbrust, dienten als Wallbüchsen, eine größere Art als schwere Geschütze.

Die Waffen der Römerin der Kaiserzeit sind denen der Griechen ähnlich. Als Schutzrüstung diente ein Gurtpanzer aus Metallstreifen (lorica segmentata).

Offiziere, Principes und asiatische Hilfsvölker trugen Schuppen- oder Kettenpanzer (s. Kataphrakten), der lederne Waffenrock wurde auf dem Rücken geschnürt. Der lederne, eng beschlagene (galea) wie der metallene (cassis) Helm hatte nicht, wie der

griechische, ein Visier, dagegen Stirn- und Nackenschiene und Backenstücke.

Den rechten Unterschenkel deckten Beinschienen, später Lederstrümpfe, dann Bundschuhe und Hosen. Über den Schild s. d. Hauptwaffe ist das Schwert (gladius), seit Hadrian bedeutend länger, spatha genannt, bis ins 1. Jahrhundert aus Bronze, dann aus Eisen. Nächst dem Schwert ist die charakteristische Waffe der Römer das Pilum, der Wurfspeer. Bogen, Pfeil und Schleuder wurden nur von Hilfstruppen (Kretern und Balearen) geführt. Die Reiterei führte Schwert und Lanze. Die Geschütze haben die Römer von den Griechen entlehnt.

Die Urwaffe der Germanen war die Framea (Celt), zum Wurf, Stoß und Hieb in gleicher Weise geeignet; aus ihr entwickelte sich die Streitaxt zum Schlag und Wurf, bei den Franken das Kriegsbeil, die Franziska, bei den Skandinaviern und in Norddeutschland der Streithammer. Die Wurfkeule, die Teutona oder Cateja der Goten, ist später als Morgenstern bei den Schweizern und Süddeutschen verbreitet.

In andrer Richtung gingen aus der Framea der Speer, Angon (Angelhakenspeer, Wurfspeer mit Widerhaken), Ger, Spieß, Pike, Lanze, die eigentlichen Stoßwaffen, hervor, die auch geworfen wurden (Wurfspieß). Hierher gehört die Ritterlanze für den Kampf und das Turnier; die lang gestielte Pike wird als Hiebwaffe zur Hellebarde, sie ist eine lang gestielte Streitaxt, die als Sponton bis zur zweiten Hälfte des 18. Jahrhundert im Gebrauch blieb; Abarten sind die Partisane, Korseke, Gleve etc.

Der Streithammer erhielt später noch eine Spitze, als Panzerbrecher; der Streitkolben diente mit seinen scharfkantigen Platten oder Stacheln gleichem Zweck. Das Schwert, nachmals die Hauptwaffe der Deutschen, wurde zu Tacitus' Zeiten nur von den westlichen und nördlichen Völkern geführt und war ein zweischneidiges, spitzeloses Hiebschwert (sine mucrone) aus Eisen, Stahl, aus dem dann die schilfblattförmige, aber viel längere Spatha, ähnlich dem römischen Schwert (gladius), hervorging, die in Italien und Palästina den Namen der Deutschen schreckenvoll verbreitete.

Wie die alten Germanen, sprangen auch noch während der Kreuzzüge Heerführer und Ritter vor oder in der Schlacht vom Pferde und kämpften mit dem Langschwerte, der Spatha, zu Fuß; im 15. Jahrhundert wurde daraus der Zweihänder, der Flamberg.

Neben dem zweischneidigen wurde auch das einschneidige Hieb- und Stoßschwert, das lange Saxschwert und der Sax (Skramasax, ein Kurzschwert oder Kampfmesser) Lieblingswaffe der

Sachsen; ersteres bis 1,5 Meter lang und gegen 2,5 Kilogramm schwer, letzteres, 0,5 bis 0,8 Meter lang, ward in ältern Zeiten neben der Spatha geführt und bei weiterer Verkürzung zum Messer und Dolch, ersteres ein-, letzterer zwei- und mehr schneidig.

Bogen und Pfeil erhielten sich bis ins Mittelalter, doch wurde der Bogen nie Kriegswaffe der Ritter, diese benutzten ihn nur zur Jagd; er war in Deutschland mehr Volkswaffe, in Franken und Bayern waren im 6. Jahrhundert auch Giftpfeile im Gebrauch; in Frankreich war der Bogen beliebter, aber besondern Ruf hatten die englischen Bogenschützen. Anfang des 13. Jahrhundert kam in Frankreich die Armbrust als Kriegswaffe in Aufnahme, etwas später in Deutschland und zwar zunächst bei den Städten in ihren Kämpfen gegen den Adel. Die erste Wandlung der alten Waffen beginnt etwa im 5. Jahrhundert.

Das Fußvolk erschien mit Schild, Speer, Bogen und zwölf Pfeilen, der Unfreie durfte den Speer nicht führen. Die Reiter mussten mit Schild, Lanze, Lang- und Kurzschwert, Bogen und Pfeilen versehen sein. An die Stelle der Framea trat der Speer, für das Kampfbeil und Franziska das Schwert und das Kurzschwert (Skramasax); die Bronze trat gegen das Eisen zurück und ist gegen Ende des 8. Jahrhundert ganz verschwunden.

Zu dieser Zeit trugen nur wohlhabende Ritter die Ringbrünne, die Krieger noch im 10. Jahrhundert den Schuppenpanzer (lorica), ein Lederwams, dachziegelförmig mit Schuppen benäht, aber es war das gegitterte und geringelte Panzerhemd schon in Gebrauch gekommen (s. Rüstung), beide waren pfeilfest; auch bekettete kamen auf, und erst im 12. Jahrhundert wurde das Ringhemd gebräuchlicher.

Mitte des 13. Jahrhundert traten Eisenplatten auf den Schultern, die Anfänge des Plattenharnisches, hinzu; an die Stelle des Glockenhelmes trat der Topfhelm. Die nächste Wandlung in den W. vollzog sich nach den Kreuzzügen. Der Panzer wurde fester, und mit der Kunst des Eisentreibens traten in Deutschland um 1370 die Plattenharnische auf, die um 1500 ihre höchste Blüte erreichten.

Die große Festigkeit der Schutzwaffen forderte wirksamere Trutzwaffen, es traten nun zum großen Schwerte der Streitkolben, Streithammer, Hellebarde, Lanze und die Armbrust, aber gegen die Mitte des 14. Jahrhundert traten auch schon die Feuerwaffen auf, die dann nach und nach alle Schutzwaffen von Mann und Pferd beseitigten, alle Fernwaffen (Bogen, Armbrust und die Kriegsmaschinen) verdrängten und die Nahwaffen auf Schwert, Säbel und Lanze beschränkten.

Von den Urzeiten an hat man die Waffen künstlerisch verziert, und für das spätere Mittelalter und in der Renaissancezeit bilden W eine reiche Fundgrube für das Studium des Kunstgewerbes. Da die Waffen zu allen Zeiten als Ehrenschmuck des Kriegers wie jedes unbescholtenen Mannes galten, ihr Verlust daher als Schmach angesehen wurde, hat sich bei den alten Völkern, namentlich den Germanen, eine Symbolik der Waffen entwickelt, die tief in das Volksleben eingriff.

Die Hasta (Speer) diente den Königen alter Zeit als Zepter, Zeichen der Herrschergewalt und der Gerichtsbarkeit (sub hasta), der Braut wurde bei der Vermählung mit der Hasta das Haar gescheitelt. Die Zusendung eines zerschnittenen Pfeiles galt bei den Schweden (noch im 8. Jahrhundert) als Kriegserklärung und Einberufung der streitbaren Mannschaft (Heerpfeil), bei den Bayern das Hineinschießen eines Pfeils in ein Gehöft als Fehdeerklärung.

Literatur zu den geschmiedeten blanken Waffen.

[1] Piersig, W.: Kurzer punktueller, geschichtlicher Überblick zu den blanken Waffen, Fertigungstechnik und Betrieb 40 (1990) H. 2, S. 121/122.
[2] Seitz, H.: Blankwaffen, 2 Bände, Braunschweig: Klinkhardt & Biermann 1965/1968.
[3] Seifert, G.: Fachwörterbuch der Blankwaffenkunde – Deutsches ABC der europäischen Trutzwaffen, Haiger: Eigenverlag 1981.
[4] Meyers Konversations-Lexikon, Achter Band, S. 102, Leipzig: Verlag des Bibliographischen Instituts 1887.
[5] Meyers Konversations-Lexikon, Sechzehnter Band, S. 312/314, Leipzig und Wien: Verlag des Bibliographischen Instituts 1890.
[6] Meyers Großes Konversations-Lexikon, Band 20, S. 292/293, Leipzig: Verlag des Bibliographischen Instituts 1909.
[7] Meyers Lexikon, Fünfter Band, Sp. 1049/1056, Leipzig: Bibliographisches Institut 1926.
[8] Meyers Lexikon, Zwölfter Band, Sp. 913/914 und Tafel: Entwicklung der Waffen, zwischen Sp. 112 und 113, Leipzig: Bibliographisches Institut 1930.
[9] Meyers Neues Lexikon, Band 14, S. 638, Leipzig: VEB Bibliographisches Institut 1976.
[10] Schott: Grundriß der Waffenlehre, Darmstadt, Leipzig: Zernin 1876.
[11] Neumann: Leitfaden für den Unterricht in der Waffenlehre, Berlin 1885.
[12] Witte: Gemeinfassliche Waffenlehre, Berlin: Seigfried, Mettler & Sohn 1887.
[13] Specht: Geschichte der Waffen, Berlin 1869/1876.
[14] Demmin, A.: Die Kriegswaffen in ihrer historischen Entwicklung, Leipzig: E. A. Seemann 1886.
[15] Demmin, A.: Die Kriegswaffen in ihrer geschichtlichen Entwicklung (mit zwei Ergänzungsbänden), Wiesbaden: R. Bechthold & C. 1893/1896.
[16] Jähns, M.: Handbuch einer Geschichte des Kriegswesens von der Urzeit bis zur Renaissance: Bewaffnung, Kampfweise, Befestigung, (mit Atlas), Leipzig: Grunow 1880.
[17] Jähns, M.: Atlas zur Geschichte des Kriegswesens von der Urzeit bis zum Ende des 16. Jahrhunderts : Bewaffnung, Marsch- u. Kampfweise, Befestigung, Belagerung, Seewesen / Zu seinen Vorlesungen an der Königlichen Kriegs-Akademie, Berlin: Greve, 1878
[18] Jähns, M.: Entwicklungsgeschichte der alten Trutzwaffen: mit einem Anhange über die Feuerwaffen, Berlin: Mittler 1899.
[19] Capitaine, v Hertling: Die Kriegswaffen, Rathenow: Max Babenzien 1877 ff.
[20] Capitaine, v Hertling: Die Kriegswaffen: eine fortlaufende, übersichtlich geordnete Zusammenstellung der gesamten Schusswaffen, ... seit Einführung von Hinterladern, Berlin: Verlag des Bureaus für Erfindungsschutz , Rathenow: Max Babenzien 1886 ff.
[21] Marschner, E.: Handbücher der Waffenentwicklung, Lehrbuch der Waffenlehre: Zum Gebrauche an den k. u. k. Militär-Akademien und zum Selbststudium, 1903/1905.

Zeit- und Stilepochen des Schmiedens.

I. Entwicklung des Schmiedens von den Anfängen bis ins Mittelalter.

▪ Nach 10000 bis etwa 7000 v. u. Z. (Mittlere und Jüngere Steinzeit)

Vermutlicher Beginn der Bearbeitung gediegen gefundener Metalle, wie Gold, Silber, Kupfer, Eisen sowie natürlich vorkommende Gold-Silber-Legierungen. Die Metallformung erfolgt durch Hämmern, Später Schmieden.

▪ Nach 7000 bis um 1500 v. u. Z. (Stein-, Kupfer- und Bronzezeit)

Mit der Beherrschung des Feuers beginnt die gezielte Metallformung, was mit einer Herausbildung von Gold-, Silber-, Kupfer- und Eisen-Schmieden verbunden ist, wodurch bei anfänglich kaum eine Trennung existierte. Zu ihren Aufgaben gehörten das Schmelzen, Gießen, Legieren, Treiben, Pressen, Biegen, Ausschlagen, Ziehen, Lochen, Prägen und Verzieren. Als Werkzeuge dienten einfache Zangen, Hämmer, Meißel, Stichel, Ambosse.

▪ Nach 1500 v. u. Z. bis um 1000 (Herausbildung der Eisenzeit)

Eisen wird wohlfeilstes Metall, das durch Waffenschmiede (Schildmacher), Schwertfeger (Dolch- und Klingenschmiede), Sichel, Nagel- und Messerschmiede bearbeitet wird. Neben bekannter Metallformung werden neue Verfahren angewendet. Einlegen, Gravieren, Emaillieren, Niello, Brünnieren, Zisilieren, Löten, Damaszieren, Feuerschweißen, Rollen, Nieten, Schleifen, Metallbeizen.

II. Entwicklung des Schmiedens vom Mittelalter bis zur Gegenwart.

▪ Nach 1000 bis 1250 (Romantik)

Es beginnt die wichtigste Trennung im Schmiedehandwerk, in die der Schmiede und Schlosser, während der Schmied für das Warmbearbeiten der Werkstoffe zuständig blieb, übernahm der Schlosser das Kaltbearbeiten von Eisen und Stahl. Die Werkzeuge erhalten ihre schmiedetypische, praktische Gestalt. Gleichzeitig beginnt eine deutliche Entwicklung der Schmiedekunst durch gestalterische Formgebung des Eisens. Die Formen sind relativ roh, die Stäbe einfach gestaltet, die Größe der Arbeiten ist begrenzt.

Als Arbeitstechniken überwiegen das Spalten und Rollen, dünne Stäbe werden zu Bündeln, die sich verzweigen, im Feuer verschweißt, seltener gebündelt. Profilstäbe und Verzierungen, wie Rosetten, wurden im Gesenk geschmiedet. Als Verzierungen überwiegen Schnörkel in C- und S-Form sowie Pflanzenornamente.
▪ 1250 bis 1500 (Gotik)
Gitterwerke sind die bestimmenden Schmiedeerzeugnisse. Dies führt zu einem Aufschwung der Schmiedetechnik, wobei die Flecht- und Knetmotive sich durchsetzen. Als schmückendes Beiwerk nehmen Blatt-, Blumen- und Rankenwerk zu. Besondere Bedeutung erhält das farbige Gestalten von Schmiedestücken durch Tauschieren, bei dem Gold-, Silber-, Messing- und/oder Kupferstreifen in die Flächen eingelegt wurden. Hinzu kommt auch die Blaumalerei, das Anlassen der geschmiedeten Arbeiten. Vielfach wurden Schmiedearbeiten auch vergoldet, versilbert sowie mit Anstrichen versehen.
▪ 1500 bis 1650 (Renaissance)
Neben dem Kantstab tritt der Rundstab auf, neue Grundformen in der Gestaltung wurden möglich. Weit verbreitet ist die Dornarbeit; es entstehen Durchzieh- und Durchsteckarbeiten. Metallkombinationen von Schmiedeeisen mit Messing und Bronze sind auch verbreitet. Verzierungen in Form von Blüten, Blättern, Blumen und Ranken sowie in S- und 8-Form wurden reichlich verwendet, die teilweise oder ganz vergoldet bzw. bemalt wurden. Mit der Einführung des Eisengusses ist damit ein den Schmiedearbeiten ähnliches Gestalten möglich.
▪ 1600 bis 1750 (Barock)
Nun verdrängt der Vierkantstab wieder den Rundstab, wobei auch winklig gebogene Stabformen verarbeitet wurden. Verzierungen an Schmiedearbeiten nehmen überhand, Überladenheit mit Ornamenten war vorhanden. Schmuckelemente sind naturalistisch ausgebildetes Blatt-, Laub-, Bänder- und Blumenwerk, wobei Kreuzungsstellen meist mit Rosetten versehen sind bzw. Kugeln und Ringe wurden auch benutzt.
▪ Nach 17000 bis 1800 (Rokoko)
Beim Schmieden verändern sich die Formen zugunsten leichter, zierlicher Linien, gerade treten in den Hintergrund, Verschnörkelungen, Ranken sind weiter vertreten. Häufig kommt es zu Vermischungen mit Eisengussarbeiten. Bei Innenausstattungen werden anstelle des Eisens Bronze und Messing bevorzugt.

▪ 1770 bis 1830 (Klassizismus)
An den Schmiedearbeiten sind klare Einzelformen vorherrschend, Pflanzenornamente nehmen ab. Es kommt zur Systematisierung der Motivgestaltung, was zu einer Begrenzung der Gestaltung führte.
▪ 1800 bis 1830 (Empire)
Bei den Schmiedearbeiten überwiegen die starren geometrischen Formen, Pflanzenornamente treten stark zurück, der Kugeleinsatz verstärkte sich. Die Schmiedekunst strebt durch die Dominanz des Eisengusses einem Zerfall zu.
▪ 1820 bis 1840 (Biedermeier)
Schmiedearbeiten sind geprägt durch Einfachheit und Schmucklosigkeit. Bedingt durch die industrielle Revolution sind vornehmlich Grobschmiedearbeiten gefragt, dadurch kommt es zum Niedergang der Schmiedekunst.
▪ 1871 bis 19000 (Gründerzeit)
Zier- und Schmuckelemente wurden naturalistisch gestaltet, ihre Herstellung erfolgte maschinell und als Massenware, was zu einer Entwertung des Schmiedehandwerks führte. In der Gestaltung der Schmiedearbeiten traten Formen aus allen Stilepochen auf.
▪ 1900 bis 1930 (Neuzeit)
Die Entwicklung beim Schmieden führt zum Funktionalem, zu nüchternen, zweckbestimmten Formen, Verzierungen gehen stark zurück; Eisenguss verdrängt die Schmiedekunst deutlich.
▪ Nach 1950 bis 21. Jahrtausend (Jetztzeit)
Schmiedearbeiten erlangen langsam, aber stetig wieder an Bedeutung auch für Gegenstände in Heim, Haus und Garten wie auch für Schmuckerzeugnisse.

Tafel: Zeit- und Stilepochen des Schmiedens.

Schmieden eine Handwerkskunst.

Die Schmiedekunst im Allgemeinen.

Aus der angeführten Literatur ist zu erfahren, daß die Schmiedekunst eine künstlerische Formung sowohl von reinen wie auch legierten metallischen Werkstoffen, besonders der Materialien Stahl, Eisen, Kupfer, Zinn, Gold, Silber, Gold-Silber-, aber auch Kupfer-Zinn- und Kupfer-Zink-Legierungen und anderen, durch Schmieden ist. Ausgeübt wird diese Kunst von Schmieden, die durch ihr kunsthandwerkliches Arbeiten, unter Verwendung von Hämmern und/oder Pressen die Metalle in ihre gewünschte Gestalt bringen.

Verfeinernde Gestaltungsmittel für die Schmiedekunst sind das Treiben, Tauschieren, Ätzen, Gravieren und Bläuen sowie das Bemalen und das Vergolden des Werkstücks.

Aufmerksam zu machen ist aber auch, daß der Schmied zuerst und zugleich Metallurge war, der sich meist durch das Erschmelzen sein Vorprodukt selbst herstellte und dies mit kraftvoller Handarbeit sowohl zu nützlichen als auch zu schmückenden Gegenständen gestaltete.

Daß die Schmiede hohes Ansehen schon im Altertum hatten, davon zeugt eine Darstellung der Aeneis des Virgil (70 bis 19 v. u. Z.) im Vatikan auf der Hephästos, der Schutzpatron der Schmiede (so auch Vulcanus) einen Blitz schmiedet.

Über Arbeiten der Schmiedekunst im Altertum und Mittelalter ist wenig bekannt. Sie ist nur aus Schriftquellen, auf bildlichen Darstellungen (Vasen) und Waffenfunden (Schwerter) erhalten geblieben. Als die bisher älteste Darstellung der Metallformung (Löten), ausgeführt von einem ägyptischen Goldschmied, der mit einem Blasrohr am Holzkohlenfeuer sitzt und lötet, ist eine Stuckmalerei im Grab des Rekhmara (Theben) 1475 v. u. Z.

Mit der Entdeckung des Grabes des Pharaos Tut-ench-Amun und dem einmaligen Blick auf die darin befindlichen Grabschätze, wurde auch so manches Geheimnis der antiken Schmiedekunst gelüftet. Denn damit wurden über 3000 Jahre unberührte Geschichte der Metallformung, insbesondere die der Schmiedekunst, freigelegt. Dies erweckte Bewunderung sowohl über die hohe künstlerische Meisterschaft wie auch das meisterliche handwerkliche Geschick der ägyptischen Goldschmiede.

Der zum Grabschatz gehörende Filigranschmuck, Spangen, Ringe und andere Gegenstände bestätigen nicht nur die saubere, fast unsichtbare Herstellung von Verbindungsstellen, sondern brachte auch den Beweis, daß die Goldschmiede jener Zeit die Metallformung im höchsten Grade und auch das Löten beherrschten.

Die mit Edelmetall überladene Grabkammer Tut-ench-Amuns barg auch eiserne Gegenstände. Einen mächtigen Eisenfund bescherte das Eisenmagazin des Königs Sargon II. Es enthielt neben Eisenluppen, Rohlinge, der assyrischen Waffenschmiede auch fertige geschmiedete Geräte und Gegenstände, die wahrscheinlich zu den Ausrüstungen von Kampfwagen, Belagerungsgerät und anderem Kriegsgerät gehörten, u. a. auch feuergeschweißte Ketten und einzelne Glieder.

Die wohl ältesten Goldschmiedearbeiten sind wahrscheinlich die Schmuckstücke aus ägyptischer vordynastischen Gräbern von El Gerzeh (um 3800 v. u. Z.) und aus Abusir-el-Melek (um 3600 v. u. Z.).

Überliefert, aber nicht sicher belegt, ist, daß geschmiedete, genagelte Hufeisen möglicherweise im 9./10. Jahrhundert in Gebrauch kamen. Die ältesten erhaltenen mittelalterlichen Stücke sind Gitter und Türbeschläge aus dem 11. und 12. Jahrhundert. Im 13. Jahrhundert erreichte die Schmiedekunst besonders in Frankreich, England und den Niederlanden eine hohe Qualität (Truhenbeschläge, Standleuchter, Türklopfer, Schlossbleche u. a.). Die Schmiedekunst der italienischen Frührenaissance leistete Bedeutendes; Beispiele dafür sind insbesondere gefertigte Fackelhalter und Laternen.

Mit den wachsenden Bedürfnissen der Menschheit während ihrer gesamten Entwicklungsgeschichte stieg auch ständig der Bedarf an Metallerzeugnissen. Die Metallarbeiter, in Folge die Schmiede, mussten in schwerer körperlicher Arbeit die Metalle formen. Im Falle des Kupfers mussten sie die kupfernen Planschen (das sind gegossene Kupferscheiben) beispielsweise zu Kupferblechen ausschmieden.

Diesen athletischen Anforderungen konnten die Schmiede bald nicht mehr Stand halten. Gelöst wurde das Problem erst ab dem 15. Jahrhundert mit dem Bau der Hammerwerke und der Nutzung der Wasserkraft. Sie nutzten diese über ein Wasserrad, welches eine hölzerne Zapfwelle antrieb und die bis 250 Kilogramm schweren Hämmer in Bewegung setzte. Mit der Wucht der niederfallenden Hämmer konnten nun die Metallstücke geschmiedet werden. Mit demselben Wasserrad wurde über ein Gestänge auch ein Blasebalg angetrieben, welcher das Schmiedefeuer zu heller Glut brachte, damit wurde die für das Schmieden erforderliche Temperatur gesichert.

Georgis Agricola (deutsch: Georg Bauer) beschreibt diese Technologie auch in seinem 1556 erschienen Werk „De re metallica libri XII – Zwölf Bücher vom Berg- und Hüttenwesen“ wie folgt:

„Das Hammerwerk betreffend, so führet der Hammerschmied oder Zainer zu seiner Arbeit dreierlei Hämmer. Als einen großen, den Streckhammer, einen mittelmäßigen, der Abrichthammer genannt wird, und sodann einen kleinen, so sie den Zainhammer heißen. Er bezwingt um so mehr und leichter auch die größten Stücke Metall, weil er solche durch das Gebläse des Feuers erstlich wol glüet, und vordem, die Hämmer vermittels einem Rad, durch das Wasser getrieben und bewegt werden. Wodurch dasjenige gantz leichtlich ausgerichtet wird, was sonst durch bloße Hand zu verrichten unmöglich fallen würde.“

Solche Sachzeugnisse aus dieser Entwicklungsgeschichte sind beispielsweise technischen Denkmale wie der Grünthaler Althammer wie auch der Frohnauer Hammer, in der Berg- und Adam-Ries-Stadt Annaberg-Buchholz, Ortsteil Frohnau, einst Münzstätte, dann Getreidemühle, seit 1657 Eisenhammer, seit 1908 eins der bekanntesten und am stärksten besuchten technischen Denkmale mit drei Hämmern und zwei Wasserrädern. Im Erzgebirge soll es davon allein über einhundert gegeben haben.

Außerdem sind folgende Kupfer- und Eisenhämmer, in denen die Schmiede auch allerlei Hausgerät herzustellen hatten, erhalten, wie „der Kupferhammer Thießen bei Rosslau, um 1560 erbaut, bis etwa 1960 in Betrieb; der Eisenhammer von Dorfchemnitz bei Freiberg, 1567 gegründet, 1844 in der heutigen Gestalt erbaut, bis 1933 in Betrieb, seit 1969 Schauanlage, der Freibergsdorfer Hammer am Stadtrand von Freiberg, um 1700 erstmalig urkundlich genannt, bis 1974 in Betrieb, also der letzte, als Produktionsbetrieb genutzte; der sächsische Eisenhammer, [...] der Liebsdorfer Hammer, bei Weida, in der Nähe der Auma-Talsperre, 1770 erbaut, mit zwei Hämmern für die Eisenverarbeitung, und der Tobiashammer bei Ohrdruf, seit dem 16. Jahrhundert Eisen- und Kupferhammer, benannt nach dem Besitzer Tobias Albrecht, mit vier Wasserrädern, zwei Hammergestellen mit drei Hämmern, zwei bzw. ein Pochwerk und ein 1851 bis 1853 erbautes Walzwerk, bis 1977 in Betrieb“, anschließend restauriert und gut besuchtes technisches Denkmal.

Über die Leistungsfähigkeit beispielsweise eines Kupferhammers, der im Jahre 1532 bei Eberswalde in Betrieb genommen wurde, schreibt Thomas v. d. Hagen [1]: „Die vollwichtigen Kupfertafeln wiegen 3 bis 4 Zentner und sind 9 Fuß lang, 2 Fuß breit und ½ Zoll dick. Die dünnsten wiegen 6 bis 7 Pfund und haben 2 ½ Fuß im Geviert, und ihre Dicke ist dem starken Papier gleich.“

Eine Blütezeit der deutschen Schmiedekunst lag im 16. Jahrhundert, insbesondere auch in der Waffenschmiedekunst. Die Hauptleistungen des 17. und 18. Jahrhunderts sind kunstvolle Gitter und Geländer, Stand- und Radleuchter sowie Kaminblöcke. Im 19. Jahrhundert wurden die Aufgaben der Schmiedekunst weitgehend vom Eisenguss übernommen.

Erst im späten 19. Jahrhundert setzte eine Neubesinnung auf die Güte handwerklicher Arbeit der Schmiedekunst ein, die bis zur Gegenwart, d. h. bis hinein in das 21. Jahrhundert, andauert. Heutzutage gewinnt die Schmiedekunst wieder mehr und mehr an Bedeutung, insbesondere im Bauwesen, im Städtebau, in der Landschaftsgestaltung wie auch Wohn- und Möbelkunst, wo mit Gittern, Toren und Brunnen künstlerische Akzente gesetzt werden.

Der Kunstschmied, dessen Berufsbezeichnung in Deutschland in Metallbauer – Fachbereich Metallgestaltung umbenannt wurde – fertigt Produkte für alle möglichen Bereiche, neben der primären Formung von Bedarfsgut übt er die kunsthandwerkliche Formgebung aus.

Seine Hauptwerkzeuge sind neben dem Amboss, Feuer und Wasser die verschiedensten Schmiedehämmer sowie Schmiedezangen. Viele dieser Werkzeuge, die er benutzt, fertigt er selbst an. So werden Biegevorrichtungen z. B. oft für besonders häufig gebogene Formen gefertigt, um eine schnelle Reproduzierbarkeit zu ermöglichen.

[1] Hagen, Thomas Philipp von der. Beschreibung der Kalkbrüche bei Rüdersdorf, Der Stadt Neustadt-Eberswalde, und des Finow-Kanals, wie auch der dasigen Stahl- und Eisenfabrik, des Meßingwerkes und Kupferhammers. Ein Beytrag zur Märkischen Geschichte aus Urkunden und sichern Nachrichten zusammengetragen, Berlin: Pauli, 1785.

Abriss zur Geschichte der Schmiedekunst.

Wohl bemerkt, sowohl die Schmiedekunst wie auch jede andere Metallformung stehen weitestgehend mit der Entdeckung und Nutzbarmachung des Feuers in engster Verbindung. Und, ohne diese Gabe der Natur, so können wir heute mit Fug und Recht zum Ausdruck bringen, hätte es keine Entwicklung der Menschheitsgeschichte und auch keinen Fortschritt gegeben.

Das Geschriebene klingt so einfach und erscheint ebenso plausibel, aber zwischen dem Anfang und dem Heute gab es viele Epochen, liegen also zeitlich nicht immer genau definierbare Entwicklungsetappen, wie bei der Behandlung der Geschichte der Schmiedekunst einerseits und den Blicken auf die Metallformung andererseits mit zum Ausdruck gebracht wird.

Ja, zwischen Faustkeil und Steinaxt wie auch zwischen natürlichem Feuer sowie seiner Bändigung und Wandlung in einen technischen Prozess durch den Menschen lagen vermutlich mehrere hunderttausend Jahre. Und erst wiederum nach zisch Jahrtausenden wird er in der Lage gewesen sein, Feuer zielgerichtet für die Metallgewinnung und Materialbearbeitung einzusetzen. Ab da reichten möglicherweise nur noch Hunderte von Jahren aus, um vom profanen Metallklumpen zum primitiven aus Metall bestehenden Werkzeug bzw. einfachen Waffen und ersten schlichten Schmuck zu gelangen.

Wann und wo genau der Übergang vom Stein zum Metall, der ja nicht plötzlich, sondern sich langsam vollzog, erfolgte, wird die Herkunft der Metallverarbeitung unbekannt bleiben. An Hand von Ausgrabungen vermuten Geologen und Historiker, daß die Geburtsstätte der Metallkultur in den Bergen von Anatolien und Armenien liegt, wo ihre Ausbreitung auch nicht lange auf sich warten ließ, und schuf sich mit dem Erkennen des Wertes der Metalle und ihrer bewussten Verwendung sich sein Fundament seiner Zivilisation.

Aus den Veröffentlichungen zur Geschichte der Schmiedekunst ist zu erfahren, daß die Verarbeitung des Eisens schon in den ältesten Schriftquellen, wie in der Genesis und im Homer, erwähnt wird, und der Mythus bezeichnet Tubalkain, den Hephästos oder Vulkan der Hebräer, als den Erfinder des Schmiedens.

Gott der Schmiede war meist der Feuergott Hephästos der griechische, ursprünglich wohl karisch-lykischer Gott des Feuers, dann der Schmiedekunst, Sohn des Zeus und der Hera. Er war hässlich und lahm, entweder von Geburt oder weil ihn Zeus aus dem Olymp auf die Insel Lemnos herab geworfen hatte. Bei Homer hat er seine Werkstatt auf dem Olymp, bei andern in vulkanischen Gegenden (Lemnos, Ätna, Insel Hiera). Als seine Gemahlin nennt die „Ilias" eine Charitin (auch Charis), Hesiod genauer Aglaia, die „Odyssee"; Aphrodite.

Alles Kunstreiche im Altertum war sein Werk, wie das Bild der Pandora, die Pfeile des Eros, der Wagen des Helios, das Halsband der Harmonia, die silbernen und goldenen Hunde des Alkinoos, Diomedes´ Brustharnisch, Pelpos´ Zepter, der goldene Becher, den Menelaos vom König der Sidonier erhalten hatte, und die Waffenrüstung des Achilleus. In Athen wurde er in Verbindung mit Athene und auch Prometheus verehrt. Von den Römern wurde er dem Vulcanus gleichgesetzt.

In Athen befand sich sein Heiligtum auf dem Kerameikos (Töpfermarkt), dessen Schutzherr er mit Prometheus war, da die Töpfer sowohl durch das Feuer zum Betrieb ihrer Kunst als durch diese selbst unter seine Obhut gestellt waren.

Die Sage spricht auch aus, daß es die Zyklopen (rundäugige), altgriechische Feuerdämonen waren, bei Hesiod riesige einäugige Söhne des Uranos und der Gäa, die dem Zeus, im Auftrag von Hephästos unter dem Vulkan Ätna in einer Schmiedewerkstatt die Blitze, die Waffen für die Kriegshelden und die Rüstungen für Achilles schmiedeten.

Die Künstler des Altertums pflegten Hephästos als einen kräftigen und völlig gereiften Mann, daher stets bärtig, kenntlich mit verkürztem linken Bein, der kegelförmigen Werkmannskappe und im kurzen Oberkleid der Handwerker, in der Regel mit Schmiedegerät (Zange und Hammer), darzustellen. So zeigt ihn eine Bronzefigur des Britischen Museums in London. Ungeklärt ist, warum die Feuer- und die Schmiedegötter usw. so oft hinkend gedacht wurden.

In der Sagenwelt der Griechen und der Römer galten Hephästos und Vulcanus als Götter des Feuers und der Schmiedekunst für alle Handwerker und Künstler zuständig, die sich des Feuers bedienten.

In den deutschen Heldensagen findet man in Wieland, dem Schmied, einen meisterhaften Beherrscher von Feuer und Eisen. Um diesen kunstfertigen Schmied in Diensten zu halten, ließ König Nidung ihm die Fußsehnen durchschneiden. Auch das Hinken und Lahmen von Hephästos bzw. Vulcanus deutet möglicherweise auf die alte Gepflogenheit, wichtige Handwerker durch Zerschneiden der Fußsehnen am Entlaufen zu hindern.

In Nordeuropa galten die Zwerge als kunstreiche Schmiede (Reginn, in der nordischen Nibelungendichtung der Zwergenschmied – d. A.).

Dem Schmied, wohl dem ersten eigentlichen Handwerker, haftete (wie heutzutage noch bei den letzten Urvölkern auftretend – d. A.) eine mit Furcht gemischte Ehrfurcht vor seiner mit Zauberhilfe vollbrachten Leistung an. Seine Erzeugnisse (z. B. Schwerter), von deren Eigenschaften tatsächlich oft Leben und Tod abhing, waren magisch geweiht und mit magischen Zeichen verziert. Schicksalsvolle Kräfte glaubte man in ihnen verborgen. Selbst Fürstensöhne wurden Schmiede. Noch im deutschen Mittelalter gewährte die Schmiede dem Flüchtling ein Asyl. Schmieden traute man auch andre Zauberkünste zu. Eigentlich zu allen Zeiten galten die Schmiede für „weise Leute" und wirkten auch als Tierheilkundige, oft mit magischen Kuren, wie Besprechen usw.

Ausgehend von der Antike finden wir doch bei zahlreichen alten Völkern, welche es im Guss und in der Ziselierung der Bronze zu bedeutender Fertigkeit gebracht hatten, keinerlei Eisenarbeiten, und Assyrer, Ägypter und Römer scheinen das Eisen nur da angewandt zu haben, wo Bronze nicht hinreichende Festigkeit gewährte. Aus dieser Zeit sind vor allem Lanzenspitzen, Schwertklingen, Beile, seltener Schlüssel bekannt geworden.

In der christlichen Zeit wurde die Benutzung des Eisens und des Stahls häufiger. Es blieb aber noch lange Zeit in untergeordneter Stellung eines lediglich nützlichen, von der Kunst unberührten Materials.

Die Kreuzfahrer lernten im Orient die Methode des Damaszierens, des Zusammenschweißens von Metallschichten verschiedener Härte, die sich an der geschliffen Oberfläche durch verschiedene Färbung kenntlich machen und ein gewässertes Muster darstellen, sowie das Einlegen von Gold und Silber in Eisen und Bronze (Tauschieren) kennen.

Doch kam die künstlerische Entwicklung der Schmiede- und Schlosserarbeit erst durch den Einfluss der gotischen Baukunst in Gang. Sie bewegte sich naturgemäß innerhalb des konstruktiven Systems und Stilformen der Gotik. Eine reiche künstlerische Entwicklung der Schmiede- und Schlosserarbeit brachte diese Periode. Diese liebte besonders kunstreiche Angelbänder an den Kirchenportalen. Die Kirchen- und Haustüren, aus Brettern zusammengefügt, wurden durch Eisenbänder gehalten, welche, von der Angel wie von einer Wurzel ausgehend, sich verzweigten und in Blättern oder Blumen endigten.

Das Schloss wurde nach außen hin durch das Schlüsselschild oder durch einen größeren kunstvollen Beschlag charakterisiert. Dazu gesellte sich der Türklopfer, welcher namentlich in Italien eine reiche plastische Ausbildung erfuhr. Auch die Gitter zeigen ornamentale Motive, Voluten, Vierpässe oder einfache Blattformen.

Verglaste oder nicht ausgefüllte Öffnungen über den Türen, Fenstern, auch Altane, dann Vorräume, Chöre, Kapellen usw. wurden durch Gitter abgeschlossen. Die Stiegen erhielten eiserne Geländer, Türme, Wimpergen (eine besondere Ausführung von Giebeln gotischer Bauwerke), Giebel eiserne Bekrönungen sowie Windfahnen; und Kronleuchter, Wandarme, Türgriffe, Roste, Brunnenhäuser, Laternen, Wirtshausschilder, Schränke, Truhen lieferte die Kunstfertigkeit deutscher Meister.

Das Eisen wurde in die zierlichen Formen geschnitten, auch mit eingeschlagenem Linienornament oder aufgetriebenen Buckeln geschmückt, Beschlagarbeit gern durchbrochen und mit rot oder blau gefärbtem Papier unterlegt, feinere durch Verzinnen, gröbere durch roten Anstrich gegen das Rosten geschützt.

Die Renaissance brachte ihre Formensprache auch auf diesem Gebiet zur Herrschaft, welches gleichzeitig eine Erweiterung durch die Einführung der Plattenharnische erfuhr. Die Plattner von Augsburg, Mailand und anderen Orten belebten die großen Flächen der Harnische mittels Tauschierung oder durch Ätzung, welche die Zeichnung glänzend stehen läßt, den Grund schwarz färbt; dieselben Verzierungsweisen übertrugen sich auf Waffen und auf Mobiler, namentlich Truhen, Kassetten, kunstreiche Schlösser, welche nicht bloß auf der äußern, sondern auch auf der innern Seite durch Ätzung verziert wurden.

Die monumentalen Werke des 15. und 16. Jahrhunderts zeigen den ganzen Phantasiereichtum jener Periode und die absolute Beherrschung des Stoffes, die beide in übertreibender Weise auch die Barockzeit charakterisierten, welche in einer überreichen Ornamentation das Metall bisweilen zu Leistungen zwingt, die dessen Wesen widersprechen. Und Meisterwerke der Kunst im Kleinen sind die Schlüssel mit durchbrochener Arbeit.

Der eigentliche Boden für die künstlerische Eisenarbeit blieb Deutschland, doch breitete sich dieselbe über alle Länder des Nordens aus; weniger Neigung für dieselbe zeigte Italien, wo außer den berühmten Fackelhaltern und Laternen des Palazzo Strozzi in Florenz von Niccolò Grosso (15. Jahrhundert) und den zierlichen Kaminständern, Dreifüßen und dergleichen venezianischer Arbeit und aus dem 17. Jahrhundert wenig Hervorragendes gemacht worden ist. In Spanien entstanden im 15. Jahrhundert die hervorragenden großen Gitter der

Kathedralen.

In Frankreich wurden im 16. Jahrhundert kunstvolle Schlüssel, Schlösser, Riegel und Türklopfer hergestellt. Zurzeit Ludwig XIV. und im Rokoko nahm die Schmiedekunst im Gitterwerk der Profanarchitektur einen glänzenden Aufschwung.

Der gänzliche Verfall der Schmiede- und Schlosserkunst begann mit der Zeit des ersten Napoleonischen Kaiserreichs und zeigte sich in dem Verkleiden und Übertünchen des Eisenwerks an Türen, Möbeln usw. wie im Überhandnehmen der Gussarbeit.

Aus der Blütezeit der Schmiedekunst sind noch folgende Werke hervorzuheben: die romanischen Türbeschläge von Notre Dame zu Paris (Ende des 12. Jahrhunderts, Boiscornut zugeschrieben), der Brunnen vor dem Dom zu Antwerpen (1470, dem Maler Quintin Massys zugeschrieben), der Kronleuchter der Kirche zu Vreden in Westfalen (1489 von Gert Bufsinck daselbst), der eiserne Stuhl, welchen die Stadt Augsburg dem Kaiser Rudolf II. verehrte (1574 von Thomas Rückers in Augsburg), das Gitter des Schönen Brunnens in Nürnberg (1586 von Paul Köhn daselbst), in Eisen geschnittene Figuren in den Museen zu München, Berlin, Kopenhagen usw. von Gottfried Leygebe (1630-1683), die Gitter der Schlösser Belvedere in Wien und Schlosshof bei Pressburg (jetzt Bratislava), die Gitter der Place Royale zu Nancy (1760 von Lamour daselbst) und des Schlosses zu Würzburg.

Wie dem Niedergang der Schmiedekunst von Frankreich Vorschub geleistet worden ist, so hat auch dort seit dem Beginn der 60er Jahre des 19. Jahrhunderts der Aufschwung begonnen. Insbesondere hatte der Architekt Pfnorr (auch Pfnor, 1824-1870) die Aufmerksamkeit der Werkstätten für Eisenkonstruktion auf die Muster der Gotik, der Renaissance und des 17. Jahrhunderts gelenkt.

Die Portale der Cours d´honneur vor den französischen Hotels, die Gitter der Pariser Parks, die Gitter an den Bahnhöfen, für die Umfriedung der Großen Oper die Treppengeländer für die letztere usw. wurden entweder in reichsten Stil der Hochrenaissance im Anschluss an die Loggienornamentik des Vatikans oder in den Stilrichtungen Ludwigs XIV. und Ludwig XV. ausgeführt, wobei die Technik spielend die schwierigsten Probleme überwand.

Man begnügte sich nicht mit den überlieferten vegetabilischen Ornamenten, mit den gehämmerten Ranken, Blättern und Blüten und den phantastischen Spiralen, sondern man fügte auch Namenszüge und bildliche Darstellungen, wie Figuren und Köpfe, in das ornamentale System ein, um eine möglichst reiche malerische Wirkung zu erzielen. Welche auch wohl noch durch Vergoldung, Ätzung und Tauschierung verstärkt wurde.

In England hat sich die Schmiedekunst seit dem Mittelalter immer lebendig gehalten. Sie bewahrte aber stets den spätgotischen Stil, der modernisiert wurde. Daneben kam jener steife, gezierte antike Stil des ersten Kaiserreichs auf.

Wie hoch sie bereits in den 30er Jahren des 19. Jahrhunderts in Blüte stand, beweist unter anderem eine Publikation von Henry Shaw: „Examples of ornamental metalwork" (London : 1836), aus welcher hervorgeht, daß die Verwendung des Schmiedeeisens für architektonische und dekorative Zwecke eine außerordentliche Vielseitigkeit erreicht hatte. Schon damals wurden nicht allein Gitter, Geländer und Kandelaber aus Rundstäben geschmiedet, sondern auch Laternen, Laternenarme, Rosetten und Beschläge, mit welch letztern Türen, Torwege,

Fenster, Schränke, Kästen usw. dekoriert wurden.

Da die schmiedeeisernen Arbeiten ursprünglich meist bei Kirchen und Schlössern in Anwendung kamen, hielt man sich an den spätgotischen Stil, der freilich stark modernisiert wurde. Daneben fand der antike Stil in jener steifen, gezierten Form Eingang, wie sie das „premier empire“ herausgebildet hatte. Allmählich entwickelte sich die Technik der Schmiedekunst in England zu einer solchen Bedeutung, daß auf der Wiener Weltausstellung von 1873 ein Tor von Barnard, Bishop und Barnards in Norwich als die Krone aller Schmiedearbeiten bezeichnet werden musste.

Auch in Österreich hat sich die Wiederaufnahme der Schmiedekunst aus dem kirchlichen Bedürfnis entwickelt. Sie trat daher zunächst in gotischen Stilformen auf, für welche Ferstel und Schmidt Entwürfe lieferten Die also wieder belebte Technik fand bald solchen Beifall, daß auch für die Profanbauten nach Arbeiten aus Schmiedeeisen Nachfrage gehalten wurde. Für diese Zwecke wurden die Vorbilder aus der italienischen und deutschen Renaissance geschöpft und danach neue Muster komponiert. Der rein architektonische Zweck trat dabei natürlich zunächst in den Vordergrund. In der Folge aber begann man auch in Österreich, kleinere Gebrauchsgegenstände und Geräte, wie Leuchter, Kassetten und dergleichen, aus Schmiedeeisen herzustellen.

In Deutschland wurden die ersten Versuche, diese Technik neu zu beleben, nach 1850 in Berlin gemacht und am erfolgreichsten durch Eduard Puls, welcher besonders auf die Muster der deutschen Renaissance zurückgriff und im Verein mit den hervorragendsten Architekten Berlins und durch seine umfangreiche Beschäftigung für Staats- und Kommunalbauten bald eine solche Wirksamkeit entfaltete, daß er 1877 eine große Mustersammlung moderner schmiedeeiserner Ornamente im Charakter der deutschen Renaissance herausgeben konnte, zu welcher seine eigene Werkstatt den größten Teil beigesteuert hatte.

Die deutsche Schmiedekunst erstreckt sich gegenwärtig (um 1889 – d. A.) auf alle Arten von Umfriedungen, Vergitterungen und Beschlägen, welche eine architektonische oder dekorative Bestimmung haben, anderseits auf Geräte und Gebrauchsgegenstände, welche einen von der Architektur und Dekoration unabhängigen Zweck erfüllen. Um den malerischen Effekt möglichst vielseitig zu gestalten, wird das Eisen geschwärzt oder blank poliert, verkupfert, vernickelt, verzinnt und vergoldet, graviert und tauschiert.

Es werden sogar einzelne Teile, wie Blätter, Blumenkelche, Rosetten usw., aus Schmiedeeisen getrieben, und mit ihnen werden auch Kupfer und die neu erfundene Deltalegierung (Deltalegierung, bestehend aus etwa 56 % Kupfer, 41 % Zink, je 1 % Eisen, Mangan und Blei sowie Spuren von Nickel und Phosphor; ist goldgelb, läßt sich leicht bearbeiten, rostet nicht und widersteht dem Salwasser – d. A.) und Aluminiumbronze (Legierungen anfangs mit 98 bis 80 v. H., später nur solche mit 93 bis 90 v. H. Kupfer – d. A.) verbunden.

Die Zukunft der Schmiedekunst (um 1930 – d. A.) liegt bei den neuen gewaltigen Eisenbauten, den Bahnhofshallen, Ausstellungshallen, Brücken u. a. Hier werden vor allem nicht nur die dekorativen, sondern die konstruktiven und tektonischen Elemente betont. Es hat sich ein einfacher Maschinenstil gebildet, der selbst schon in der einwandfreien Bewältigung der praktischen Forderungen künstlerische Werte findet. Die Technik fordert möglichst einfache Bildungen, und die augenblicklich herrschende Anschauung und ihre Lehre von einer einfachen praktischen Schönheit ist der Schmiedekunst besonders günstig. Immer mehr läßt man künstlerische Entwürfe durch technisch geschickte Meister ausführen.

Die neuern Gewerbeausstellungen haben den Geschmack an den kleinern Erzeugnissen der Schmiedekunst in die weitern Kreise des Publikums getragen, so daß heute schmiedeeiserne Leuchter, Blumenständer, Kassetten usw. einen integrierenden Bestandteil von Speise- und Wohnzimmereinrichtungen bilden.

Literatur zum Kapitel Schmieden eine Handwerkskunst.

[1] Litzmann, K. D.; Schlegel, J.; Hensel, A.: Metallformung, Leipzig: VEB Deutscher Verlag für Grundstoffindustrie 1984.

[2] Johannsen, O.: Geschichte des Eisens, Düsseldorf: Verlag Stahleisen M. b. H. 1953.

[3] Jahn, A.: Wir schmieden und gestalten, Berlin: VEB Verlag Technik 1987.

[4] Mesenin, N. A.: Erzählungen über Eisen, Leipzig: VEB Deutscher Verlag für Grundstoffindustrie 1982.

[5] Bernsdorf, G.: Auf heißen Spuren vom Schmieden, Löten, Schweißen, Leipzig: VEB Fachbuchverlag 1986.

[6] Autorenkollektiv: Allgemeine Geschichte der Technik von den Anfängen bis 1870, Leipzig : VEB Fachbuchverlag 1981.

[7] Autorenkollektiv: Allgemeine Geschichte der Technik von 1870 bis etwa 1920, Leipzig: VEB Fachbuchverlag 1984.

[8] Beckert, M.: Eisen – Tatsachen und Legenden, Leipzig: VEB Deutscher Verlag für Grundstoffindustrie 1981.

[9] Biringuccio, V.: Biringuccios Pirotechnia – Ein Lehrbuch der chemischen-metallurgischen Technologie und des Artilleriewesens aus dem 16. Jahrhundert, übersetzt von Otto Johannsen, Braunschweig: Vieweg & Sohn 1925.

[10] Wilsdorf, H.: Montanwesen – Eine Kulturgeschichte. Leipzig: Edition Leipzig [u. a.], 1987.

[11] Meyers Konversations-Lexikon, Eine Encyklopädie des allgemeinen Wissens, Vierzehnter Band, S. 563/565, Leipzig: Verlag des Bibliographischen Instituts 1889.

[12] Meyers Lexikon, Zehnter Band, Sp. 1367/1370, Leipzig: Bibliographisches Institut 1929.

[13] Meyers Neues Lexikon, Bd. 12, S. 253/5, Leipzig: VEB Bibliographisches Institut 1975.

[14] Einsiedel, R.: Kunsthandwerkliche Kupferschmiedearbeiten Leipzig: VEB Fachbuchverlag 1988.

[15] Spiridonov, A., A.: Kupfer in der Geschichte der Menschheit, Leipzig: VEB Deutscher Verlag für Grundstoffindustrie 1982.

[16] Wagenbreth, O.; Wächtler, E.: Technische Denkmale in der Deutschen Demokratischen Republik, Leipzig: VEB Deutscher Verlag für Grundstoffindustrie 1983.

Weiterführenden Literatur zum Kapitel Schmieden eine Handwerkskunst.

[1] Hefner-Alteneck: Eisenwerke oder Ornamentik der Schmiedekunst des Mittelalters und der Renaissance, Frankfurt: 1870.
[2] Raschdorff: Abbildung deutscher Schmiedewerke, Berlin: 1875/77, kleine Ausgabe 1878.
[3] Riewel, Studien über Schmiede- und Schlosserarbeiten in Österreich, Mitteilungen der k. k. Zentralkommission, Wien: 1870.
[4] Böheim: Das hämmerbare Eisen in der Kunstindustrie, Blätter für Kunstgewerbe.
[5] Ilg und Kabdebo: Wiener Schmiedewerk des 18. Jahrhunderts, Dresden: 1878/83.
[6] Ehemann: Kunstschmiedearbeiten aus dem 16. bis 18. Jahrhundert, 1884.
[7] Fontayne: Kunstschmiedearbeiten, Berlin: 1884.
[8] Fontayne: Die Schmiedekunst nach Originalen des 15. bis 18. Jahrhunderts, Berlin: 1884/87.
[9] Walther: Die Kunstschlosserei des 16., 17. und 18. Jahrhunderts, Stuttgart : 1888.
[10] Meyer, S.: Handbuch der Schmiedekunst, Leipzig: 1888, 1893, 1898.
[11] Barberot, E.: La serrurerie, Paris: Baudry et Cie. 1888, 1894.
[12] Feller, L. J.: Schmiedekunst, 3 Bände, 1890/1892.
[13] Brüning, A.: Die Schmiedekunst seit dem Ende der Renaissance, Leipzig: H. Seemann Nachfolger 1902.
[14] Lüer: Kunstgeschichte der unedlen Metalle, Stuttgart: F. Enke 1904.
[15] Meyer, A. G.: Eisenbauten, Esslingen a. N.: Paul Neff Verlag 1907.
[16] Ferrari, E.: Il ferro nell′ arte itiliana, 1910.
[17] Mayer, I. E.: Der Schmied, 1913.
[18] Fuchs, O.: Schmiedehämmer, Berlin: Julius Springer 1922.
[19] Schweißguth, P. H.: Freiformschmiede, Erster und zweiter Teil, Berlin: Julius Springer 1922 und 1923.
[20] Schweißguth, P. H.: Gesenkschmiede, Leipzig: Dr. Max Jänecke Verlagsbuchhandlung 1926.
[21] Johannsen, O.: Geschichte des Eisens, Düsseldorf: Verlag Stahleisen 1924.
[22] Johannsen, O.: Das Eisenwerk (Die Kunstformen des Schmiedeeisens vom Mittelalter bis zum Ausgang des 18. Jahrhunderts, mit Einlage von O. Höver), 1927.
[23] Zeitschrift Gewerbehalle, Stuttgart: 1863/1893.
[24] Zeitschrift Les métaux ouvrés, Paris.
[25] Artikel Hephästos in Paulys Realencyclopädie der classischen Altertumswissenschaft, einer umfangreichen, umfassenden Enzyklopädie zur Antike, erschienen von 1893/1978.
[26] Daly, C.: Motifs de serrurerie, Paris: Ducher & Cie. 1881.
[27] Jousse, M.. Ouverture de l′art de serrurier, La Flèche 1650, neue Ausgabe Paris 1874.
[28] Stuttmann, F.: Deutsche Schmiedeeisenkunst, 4 Bände, München Delphin Verlag 1926-1930.
[29] Kastner, O.: Schmiedehandwerk im Barock, Linz: Wimmer 1971.
[30/ Baur-Heinhold, M.: Geschmiedetes Eisen vom Mittelalter bis um 1900, München 1984.
[31] Baur-Heinhold, M.: Schmiedeeisen − Grabkreuze, München: Callway Verlag 1984.
[32] Baur-Heinhold, M.: Schmiedeeisen − Gitter, Tore u. Geländer, München: Callway Verlag 1985.
[33] Lietzmann, K.-D.; Schlegel, J.: Schmiedeeisen. Geschichte, Kunst, Technik, Leipzig: Deutscher Verlag für Grundstoffindustrie 1992.

Ausgewählte Enzyklopädieeintragungen zum Schmieden.

Für dieses Kapitel werden aus ausgewählten Enzyklopädien die Eintragungen zum Begriff des Schmiedens zitiert.

Nach Meyers Konversations-Lexikon [1], eine Enzyklopädie des allgemeinen Wissens, wird unter dem Begriff Schmieden nachstehendes verstanden:

„Schmieden, (ist) im weiteren Sinn die Formänderung, welche durch Hammerschläge an Metallen vollzogen wird (Eisenschmied, Goldschmied, Silberschmied), im engeren Sinn solche Arbeiten an glühendem Eisen und Stahl, welche wiederum nach den Produkten als Messerschmieden, Hufschmieden, Nagelschmieden ect. Verschiedene Zweige bilden.“

Sinngemäß wird weiterhin dargelegt: Zum Zweck des Schmiedens ist das Eisen erst in den Schmiedefeuern (Essen, Herden) glühend zu machen. Dazu befindet sich beispielsweise an der Seite einer Brand-(Feuer-)Mauer eine viereckige Vertiefung, die Feuergrube, zur Aufnahme der Kohlen (Holz- oder Steinkohlen oder Koks). In die Feuergrube mündet über eine (Ofen-)Platte die Windform (Form, Eckeisen), in welche die Düse eines Gebläses (Blasebalgs, Zentrifugalventilators ect.) gesteckt wird. Ferner befindet sich unter dem Schmiedeherd ein Gewölbe zum Aufbewahren von Brennmaterial, außerdem ist sowohl ein Kasten für die aus dem Feuer gerissenen Schlacken wie auch ein mit Wasser gefüllter Löschtrog angebunden. Zum Abziehen des Rauchs dient ein Rauchfang, der denselben in den Schornstein leitet.

In größeren Anlagen werden die Feuer so angelegt, daß sie von allen Seiten zugänglich und für alle Arten von Schmiedearbeiten brauchbar sind. Große Arbeitsstücke werden in Flammöfen (Glühöfen) erhitzt. Die gewöhnliche Schmiedehitze ist Rotglut, Schweißen fordert Weißglut. Kleine Arbeiten werden von einem einzigen Arbeiter geschmiedet, dabei mit der linken an der Zange festgehalten, mit der Rechten mittels Hammer bearbeitet; größere bedürfen eines Schmiedes (Meisters) und eines oder mehrerer Gehilfen (Zuschläger); der erstere wendet und dreht das Schmiedestück und gibt mit seinem kleinen Hammer die Stellen an, welche von den Zuschlägern mit ihren großen, mit beiden Händen geschwungenen Hämmern (Vorschlaghämmern) getroffen werden sollen.

Die vom Schmied auszuführenden Hauptoperationen sind: das Ausdehnen unter Verminderung des Querschnitts (Strecken). Das Verkürzen unter gleichzeitiger Verdickung (Stauchen), das Biegen, Zerschneiden oder Einschneiden eines Schmiedestücks, Schroten (Abschroten, Durchschroten) und das Vereinigen getrennter Stücke (Schweißen).

Die Hauptwerkzeuge des Schmiedes sind Hammer und Amboss. Zur besonderen Formgebung dienen Gesenke, Setzhämmer, Durchschlag, Abschrot und Nageleisen; zum Fassen der glühenden Eisenstücke besonders geformte Zangen, welche in der Regel durch Klammern oder Zwangringe geschlossen erhalten werden.

[1] Meyers Konversations-Lexikon, Vierzehnter Band, S. 563/565, Leipzig: Verlag des Bibliographischen Instituts 1889.

Das Strecken eines Schmiedestücks erfolgt durch Bearbeiten mit den Hammerfinnen, indem man dieselben zu der Richtung, in der die Dehnung erfolgen soll, rechtwinkelig aufsetzt. Zum Stauchen zum Beispiel einer Welle an einer bestimmten Stelle werden Schläge in Richtung der Wellenachse erteilt, während das Arbeitsstück gegen den Amboss gehalten wird. Größere Wellen werden gestaucht, indem man sie hoch hebt und vertikal gerichtet auf einen eisernen oder steinernen Klotz fallen läßt.

Das Biegen erfolgt auf der Ambosskante oder auf dem Sperrhorn. Zum Biegen von Radreifen u. dgl. Bedient man sich besonderer Maschinen (Biegemaschinen), welche aus drei Walzen bestehen, von welchen zwei parallel angeordnete das Arbeitsstück fassen und gegen die dritte schieben, an der es konstant abgelenkt und daher kreisförmig gebogen wird. Eine Vorwalze erleichtert diese Arbeit; eine der gegenüberliegenden Walzen und die dritte sind für die Dicke und den Krümmungshalbmesser verstellbar ausgelegt.

Das Abschroten geschieht unter Zuhilfenahme des so genannten Abschrots, eines in dem vierkantigen Ambossloch zu befestigenden Werkzeugs, welches die Form eines Meißels mit nach oben gerichteter Schneide von etwa 30° Schneidwinkel hat; man legt oder setzt auf dasselbe das glühende Werkstück, setzt darauf den Schrotmeißel, einen mit messerartiger Finne, und schlägt mit den Schmiedehämmern, bis das Stück durchschnitten ist.

Beim Schweißen benutzt man die Fähigkeit zweier Eisenstücke, sich in weiß glühendem Zustand unter Hammerschlägen vereinigen zu lassen. Man schweißt nicht nur Eisen an Eisen, sondern auch Stahl an Eisen und erreicht dadurch bei schneidenden Werkzeugen den Vorteil, daß die Werkzeuge nach dem Härten einerseits die Festigkeit und Unzerbrechlichkeit des Eisens, anderseits an den Stellen, wo dies nötig ist, die Härte des Stahl besitzen.

Um die erforderlichen reinen Metallflächen zu erhalten, bestreut man diese mit tonartigem Sand, Glaspulver oder Borax, weil sich dann eine Schlacke bildet, die das Metall überzieht und die Oxydation verhindert. Als besondere Schweißpulver empfiehlt man für Stahl auf Eisen mit: 35,6 % Borsäure, 30,1 % trocknes Kochsalz, 26,7 % Blutlaugensalz, 7,6 % Kolophonium und für Stahl auf Stahl mit: 41,5 % Borsäure, 35 % trockenes Kochsalz, 15,5 % Blutlaugensalz, 8 % entwässertes kohlensaures Natron.

Bisweilen schweißt man auch durch Druck unter Anwendung der hydraulischen Presse oder zweier Walzen. Die Längsfugen an Dampfkesseln werden auch durch eine Schweißmaschine zusammengeschweißt, deren Hauptbestandteil ein hammerartiger, durch Druck wirkender Stempel ist.

Ohne Benutzung des Hammers, durch ruhigen Druck schmiedet man kleinere Gegenstände, zum Beispiel Schraubenmuttern, in Schmiedemaschinen, welche aus einem festen Untergesenk und einem regelmäßig auf- und niedergehenden Obergesenk bestehen. Der Arbeiter hat hier nur dem Gesenk immer geeignetes Rohmaterial zuzuführen.

Zum Schmieden größerer Stücke, zum Beispiel der Lokomotivkreuzköpfe, sind hydraulische Pressen (Schmiedepressen) in Anwendung, welche nach dem gleichen Prinzip wirken. Eine vom gewöhnlichen Schmieden völlig abweichende Arbeit bildet das Kesselschmieden, bei welchem nach dem Vorzeichnen und Beschneiden der Bleche, dem Ausbohren oder Ausstoßen der Nietlöcher die auf der Blechbiegemaschine gebogenen Bleche zusammengenietet und die Nietfugen behufs der Dichtung verstemmt werden.

Nach Meyer Lexikon [2] ist Schmieden ein „Umformen von Metallen (kalt und erhitzt) durch Hämmer oder Schmiedepressen, oft in kunstvolle (besonders Gold- und Silberschmied), meist aber nur in Gebrauchsform (Huf-, Messer-, Nagelschmiede usw.).

Kleinere Gegenstände werden mit Hand-, größere mit Dampfhämmern usw., ganz große (Geschützrohre, Schiffswellen usw.) mit Schmiedepressen und Massenwaren auf Schmiedemaschinen geschmiedet, die mit einem festen Untergesenk und einem beweglichen Obergesenk arbeiten.

Für Gebrauchszwecke schmiedet man hauptsächlich Eisen (Schmiedeeisen), Stahl, auch Kupfer. Hauptarbeiten sind: Ausdehnen unter Verminderung des Querschnitts (Strecken, Recken), Verkürzen unter Verdickung (Stauchen), Biegen, Zerschneiden oder Einschneiden, Schroten (Ab- und Durchschroten), Lochen und das Vereinigen zweier Stücke (Schweißen, Ausschweißen).

Hauptwerkzeuge des Schmieds sind Hammer, Amboss und Zange. Besonderer Formgebung dienen Gesenke, Setzhämmer, Durchschlag, Abschrot und Nageleisen."

Meyers Neues Lexikon [3] aus dem Jahre 1975 beinhaltet von den drei ausgewählten Quellen wohl die umfangreichste Darstellung des Schmiedens, insbesondere hinsichtlich seiner Anwendung in der modernen Metallformung, denn gegenüber dem in Meyers Konversations-Lexikon aus dem Jahre 1889 beschriebenen Entwicklungsstand des Schmiedens und der Schmiedetechnik sind ja fast neun Dezennien vergangen, die auch auf diesem Gebiet viel Neues brachten. Danach ist „Schmieden ein Warmumformen von Metallen oberhalb der Rekristallisationstemperatur unter dem Hammer oder der Presse zur Herstellung von Halbzeugen oder Werkstücken. Durch die Erwärmung wird die Umformfestigkeit verringert und gleichzeitig die Umformbarkeit erhöht, so daß dadurch meist überhaupt erst die Möglichkeit für die erforderliche Umformung ohne Werkstofftrennung mit beherrschbaren Kräften geschaffen wird. Der Anteil von Schmiedestücken aus Stahl überwiegt bei weitem.

Es werden mehrere Schmiedeverfahren unterschieden, die vor allem durch die verwendeten Werkzeuge und den dadurch zu erreichenden Grad der Annäherung an das Fertigteil gekennzeichnet sind.

Beim Freiformschmieden werden nur einfachste, nicht werkstückgebundene Werkzeuge, z. B. verschieden geformte Sättel, verwendet. Die Genauigkeit der Werkstücke hängt weitgehend von der handwerklichen Fertigkeit des Schmieds ab. Die Werkzeuge umschließen das Werkstück höchstens teilweise; das Gesamtvolumen wird meist abschnittsweise nach und nach umgeformt.

Freiformschmieden wird beim handwerklichen Schmieden sowie beim Schmieden kleiner Stückzahlen oder sehr großer Werkstücke angewendet, wenn das Gesenk oder Feingesenk nicht möglich oder unökonomisch ist. Wegen der höheren Werkstückgenauigkeit und des geringeren Werkstoffbedarfs besteht mit Ausnahme beim handwerklichen Schmieden, insbesondere beim Kunstschmieden, immer das Bestreben, Freiform- durch Gesenk- oder Feinschmieden zu ersetzen.

[2] Meyers Lexikon, Zehnter Band, Sp. 1367/1370, Leipzig: Bibliographisches Institut 1929.
[3] Meyers Neues Lexikon, Bd. 12, S. 253/55, Leipzig: VEB Bibliographisches Institut 1975.

Typische Freiformschmiedestücke sind z. B. Induktorwellen, große Scheiben, Ringe, Exzenterwellen und Kurbelwellen. Die Ausgangsformen sind Gussblöcke oder Halbzeuge. Es werden aber auch Halbzeuge, z. B. Stäbe, durch Freiformschmieden hergestellt, vor allem dann, wenn die Werkstückzahlen für das produktivere Walzen zu gering sind oder durch Schmieden verbesserte mechanische Eigenschaften erzielt werden.

Das Freiformschmieden erfolgt beim handwerklichen Schmieden mittels Handhämmern, ansonsten durch Maschinen-(Oberdruck-)Hämmer (z. B. Brückenhämmer), oder unter hydraulischen Pressen.

Wird vom Gussblock ausgegangen, so ist die erste Arbeitsstufe das Stauchen, das zum Erzielen eines bestimmten Verschmiedungsgrades meist abwechselnd mit dem Recken (Strecken) erfolgt. Bei letzterem wird durch eine Vielzahl eng aneinander gereihter Stauchungen durch einzelne Hammerschläge oder Pressenhübe die Querschnitthöhe verringert und die Werkstücklänge ohne wesentliche Breitenzunahme vergrößert.

Beim Breiten hingegen tritt die Maßvergrößerung vor allem senkrecht zur Werkstücklängsachse ein.

Weitere typische Arbeiten beim Freiformschmieden sind das Spitzen, bei dem das Werkstückende spitz ausgeschmiedet wird, das Schärfen, bei dem das Werkstückende wie eine Schneide ausgeschmiedet wird, das Absetzen, Verwinden und Schlitzen (Spreizen), bei dem flache Werkstücke mit dem Schrotmeißel gespalten werden, wenn gabelartige Enden erzeugt werden sollen.

Andere Arbeiten sind das Durchsetzen, ein wechselseitig versetztes Absetzen, oder Kröpfen, das Dornen, bei dem Vertiefungen in das Werkstück eingedrückt werden, die nicht durchgehend sind (im Gegensatz zum Lochen). Die letzte Arbeitsstufe beim Freiformschmieden kann das Glätten sein (Schlichten) sein, das mit geringeren Umformwegen Unebenheiten auf der Oberfläche des Schmiedestückes ausgleicht.

Auf dem Gebiet der umformenden Metallbearbeitung, d. h., insbesondere dem Sektor des Freiformschmiedens wurden in Ostdeutschland Freiformschmiedestücke bis etwa 45.000 Kilogramm hergestellt. Heutzutage werden sogar Werkstücke bis zu 250.000 Kilogramm Stückgewicht (Kurbelwellen von Schiffsdieseln oder Generatorläufern für Turboantriebe) in Freiformschmieden hergestellt.

Gegenüber dem Freiformschmieden werden beim Gesenkschmieden spezielle, werkstückgebundene Werkzeuge verwendet. Die Werkstückgenauigkeit hängt dabei ausschließlich von der Gesenkgravur ab. Die Gesenkhälften umschließen das Werkstück bis auf einen eventuell vorhandenen Gratspalt völlig, und das gesamte Volumen wird zugleich umgeformt, auch wenn in mehreren Stufen geschmiedet wird.

Kennzeichnend für das konventionelle Gesenkschmieden ist der am Werkstückumfang verlaufende Grat. Er stellt den zwischen den Gesenkhälften austretenden Werkstoffüberschuss dar und wird in einem weiteren Arbeitsgang durch Entgraten entfernt. Der Grat wirkt für den Werkstoff als Bremse und erzwingt dadurch das vollständige Ausfüllen der Gravur. Damit ist auch die nur beim Gesenkschmieden bestehende Möglichkeit gegeben, den Werkstoff zum Steigen über seinen Ausgangsquerschnitt hinaus zu zwingen.

Gesenkschmieden ist ein typisches Verfahren der Massenfertigung. Es werden Werkstücke zwischen wenigen Gramm (z. B. Nähmaschinenteile) und mehreren Tonnen (z. B. Kurbelwellen) gefertigt. Gesenkschmiedestücke von bis zu 350 Kilogramm waren Mitte der siebziger Jahre des vergangenen Jahrhunderts keine Seltenheit.

Neben kompliziertesten Formen, z. B. Achsschenkeln für Kraftfahrzeuge, werden Zahnradkörper, Pleuel, Flansche, Handwerkszeug u. ä. hergestellt. Durch Gesenkschmieden werden auch große Flugzeugteile aus Aluminiumlegierungen (Fahrgestellteile, Holme, u. a.) gefertigt. Auch das Gesenkschmieden geschieht unter dem Hammer oder der Presse, in letzterem Fall spricht man mitunter von Gesenkpressen. Wegen besserer Arbeitsbedingungen, höherer Produktivität und besserer Automatisierbarkeit erhöht sich der Anteil von Pressen gegenüber Hämmern zunehmend.

Mit Horizontalschmiedemaschinen lassen sich wegen der besseren Kinematik Gesenkschmiedestücke mit Unterschnitt und vor allem Stauch- (z. B. Ventilteller) und Locharbeiten (z. B. Ringe) ausführen. Ausgangsformen für das Gesenkschmieden sind Stangen- oder Knüppelabschnitte, flache Formteile (Spaltstücke) oder Stangen, von denen das Werkstück erst nach dem Schmieden (Schmieden von der Stange) getrennt wird.

Genau- und Präzisionsschmieden gehören auch zum Gesenkschmieden. Durch besondere Sorgfalt und Genauigkeit lassen sich dadurch Werkstücke herstellen, deren funktionswichtigen Abschnitte im ersteren Fall nur noch einer geringeren, im letzteren keiner spanenden Nachbearbeitung bedürfen (Kegelräder, Kupplungsteile u. a.).

Ein modernes Verfahren ist das gratlose Schmieden. Durch besondere Gesenkausbildung kann die Gratbildung vermieden werden. Dadurch wird die Genauigkeit erhöht, weniger Werkstoff benötigt, der Kraftbedarf gesenkt und das Entgraten eingespart. Voraussetzung sind Ausgangsformen geringer Massetoleranz und Zwischenformen mit genau definiertem Querschnitt. Gratloses Schmieden ist deshalb vor allem zur Herstellung rotationssymmetrischer Teile (Zahnradkörper, Hubscheiben u. ä.) sowie, in Verbindung mit dem Querwalzen, für bestimmte symmetrische Werkstücke mit Längsachse, z. B. Tretlagerkurbeln für Fahrräder, geeignet.

Das Feinschmieden (Rundkneten) ermöglicht die Herstellung genauer, voller oder hohler, langer, konischer oder abgesetzter Werkstücke mit symmetrischem Querschnitt, wie Gewehrläufe, Wellen, Eisenbahnwagenachsen, stabförmige Halbzeuge u. ä. Es geschieht mir drei oder vier universellen Werkzeugen (Hammerbacken), die das rotierende oder ruhende, zwischen zwei Zangen gehaltene Werkstück gemeinsam umschließen, so daß kein Grat entstehen kann, und es bei axialem Vorschub kontinuierlich umformen. Feinschmieden erfolgt auf speziellen Maschinen, den so genannten Rundknetpressen.

[1], [2], [3].

[1] Meyers Konversations-Lexikon, Vierzehnter Band, S. 563/565, Leipzig: Verlag des Bibliographischen Instituts 1889.
[2] Meyers Lexikon, Zehnter Band, Sp. 1367/1370, Leipzig: Bibliographisches Institut 1929.
[3] Meyers Neues Lexikon, Bd. 12, S. 253/55, Leipzig: VEB Bibliographisches Institut 1975.

Drahtherstellung – eine Schmiedtechnik und Schmiedetechnologie [1].

Allerorts ist der Draht und sind Drahterzeugnisse bekannt, weniger aber verbreitet ist aber seine Entstehungsgeschichte. Eine kleine Zeitreise durch die Historie der Herausbildung der Metallurgie und die Schmiedekunst bezogen auf das „Herstellen von einem strangförmigem Halbzeug mit kreisförmigem oder anderem Querschnitt bis vierzig Millimeter“ soll das näher bringen.

Erste Hinweise zur Drahtherstellung und zu seiner Verwendung gibt es für die Zeit nach 5000 bis 3500 v. u. Z. (Ägypten), ab 2200 v. u. Z. (China), ab 2000 v. u. Z. (Indien), ab 1700 v. u. Z. (Assyrien, Babylon).

Daß Draht seine Wurzel in der Antike, vor allem in der Bronze- und Römerzeit hat, geht aus der römischen Literatur hervor, wo über einen „aurinetor“ (Golddrahtzieher) berichtet wird. Das gilt auch für das aus der Zeit um 500 v. u. Z. stammende 4500 Millimeter lange, 7,97 Millimeter dicke, aus drei miteinander verdrillten Drähten bestehende Bronzeseil aus Pompeji.

Im Altertum wurden vor allem Edelmetalldrähte aus Gold und Silber sowie ihren natürlichen wie auch künstlichen Legierungen angefertigt. Geformt wurden sie anfangs durch Hämmern bzw. Schmieden, später auch durch Feilen. Verwendet wurden diese ersten Drähte für Schmucksachen, mit Metallfaden gewirkte Gewebe für Gewänder der Könige und Priester.

Golddraht aus der Zeit der I. Dynastie Ägyptens (um 3000 bis 2778 v. u. Z.) war bereits so gleichmäßig ausgeschmiedet, als sei er gezogen worden. Eine um 3745 v. u. Z. aus gehämmertem Golddraht für die Königin Shubab von Samaria in Südmesopotamien hergestellte Krone gibt den Beweis dafür.

Als frühe schriftliche Hinweise zur Drahtfertigung der Antike gelten das im 8. Jahrhundert v. u. Z. von Homer verfasste Poem „Odyssee“ (8. Gesang) sowie auch das „Alte Testament“ (2. Buch Moses, 39. Kapitel, 460 v. u. Z.).

Daß der Ursprung der Drahtherstellung in die Anfänge der Metallurgie der sieben Metalle der Antike datiert werden kann, liegt insbesondere auch in ihrer Gemeinsamkeit einer guten Duktilität begründet. Somit ist es auch vorstellbar, daß als Ziehwerkzeuge durchlöcherte Knochen, Horn- und Hartholzstücken, aber auch harte Gestensplatten dienten. Als sichere Hinweise für die Anfänge des Drahtziehens gelten aufgefundene Zieheisen. Frühe Funde stammen aus Stare Hradisko (Tschechien, 1. bis 3. Jahrhundert) und San Zeno (Tirol, 2. bis 5. Jahrhundert).

Frühmittelalterliche Zieheisen wurden sowohl in Frankreich als auch in Norwegen (Wikingerzeit, 800 bis 1050) gefunden. Eine frühe schriftliche Kunde über die Verwendung von Zieheisen findet sich auch im von dem Mönch Theophilus (faktisch Roger von Helmarshausen - um 1100) im Jahre 1122 verfassten sehr wichtigen mittelalterlichen Kunstlehrbuch „Schedula diversarum artium“.

[1] Piersig, W.: Kurzer geschichtlicher Abriss zum Draht und seiner Verwendung, Fertigungstechnik und Betrieb 39 (1989) H. 5, S. 310/311.

Ausgehend von der römischen Kaiserzeit (27 v. u. Z. bis 476 u. Z.) bis bald an das Ende des Mittelalters (1492) war die Drahtfertigung fast ausschließlich auf die Herstellung von eisernen Ringen für Kettenpanzer, Kettenkleider, Kettenhandschuhe und Kettenkapuzen ausgelegt.

Um 1306 soll das Drahtziehen, vom Waffenschmied Rudolf in Nürnberg eingeführt worden sein. Drahtzieher und Drahtmüller werden um 1351 auch für Augsburg erwähnt. Im Jahre 1370 gab es in Nürnberg bereits ein Drahtziehhammerwerk, das mit allen Metallen arbeitete. Vom Rat der Stadt Nürnberg wurde der Bedeutung wegen das Drahtziehen im 14. Jahrhundert auch zum „gesperrten Handwerk" erklärt.

Eine Nutzung der Wasserkraft für das Drahtziehen ist in Deutschland seit 1351 (in Augsburg und Nürnberg) bekannt. Dieser Fortschritt war für Albrecht Dürer (1471-1528) so bedeutungsvoll, daß er dies 1497 aus einer Nürnberger Drahtmühle im Bild festhielt. Über diese Erfindung berichten sowohl Eobanus Hessus (1488-1540) in seiner „Urbs Norimbergia" (1532) als auch Vannoccio Biringuccio (1480-1537?) in seiner 1534 bis 1535 geschriebenen und postum 1540 erschienenen „De la Pirotechnica" (verdeutscht: „Die zehn Bücher über die Feuerwerkskunst").

Auch von Leonardo da Vinci (1452-1519) – dem bedeutendsten Ingenieur der Renaissance – stammen Entwürfe für Walz- und Zieheinrichtungen für Metalle, die durch Wasserkraft zu betreiben sind.

Das Drahtziehhandwerk begann im „Zoggam" (Ziehstube) als Hausarbeit und ging bald der Wirtschaftlichkeit wegen, in eine genossenschaftliche Einrichtung (Rolle) über. Der Rolle vorstehende „Klövermeister" war auch für die Qualitätsdickenprüfung der gezogenen Drähte verantwortlich, die er mit einer „Klöve" oder „Klinke", in der die Drahtdicke eingearbeitet war, ausführte. Und für den Drahtvertrieb bildeten sich zu dieser Zeit auch die „Reider" (eine Art Unternehmer) heraus.

Zum Drahtziehen von Edelmetallen und Kupfer wurde die „Ziehbank" mit Schleppzange und zum Ziehen des gehärteten Eisen die „Schocke" verwendet. Je Ruck zog ein „Schockenzieher" etwa 25 bis 30 Zentimeter Draht vor. Hergestellt wurden damals 10 bis 15 Meter lange Drähte, wobei Eisendraht mehrfach ausgeglüht wurde, damit er besser ziehfähig war. Neben dem Handbetrieb soll es bereits 1490 „automatische Schockenzieherein" in Nürnberg gegeben haben. Im 14. Jahrhundert spezialisierte sich das Drahtziehen, Grobdrähte zogen die „Schockenzieher", Feindrähte die „Leirenzieher" und „Mittelzöger" kamen später hinzu.

Metalldrähte – vorwiegend feinste Gold- und Silberfäden – stellten auch Mönche der spanischen Provinz Leon her. Hierauf geht wahrscheinlich auch der Begriff „Leonische Waren (Drähte)" zurück, der später und heute noch für Feindrähte aus Kupfer gilt, die mit einem edleren Metall – Gold oder Silber – hauchdünn überzogen sind. Sie wurden und werden zu Metallgespinnsten, Stickereien, Brokat, Tressen, Borten, Klöppelspitzen, Schnüren, Fransen, Quasten, Uniformeffekten, Meß- und Altardecken, verarbeitet.

Die Kunst, Eisen in Formen zu walzen, begann wahrscheinlich 1605, wie J. Her in einem Bericht von 1608 erwähnte, aber erst Henry Corts (1740-1800) Rillenwalzwerk aus dem Jahre 1783 stellt die Basis für die Entwicklung von Drahtwalzwerken dar. Weiterentwicklungen kamen 1817 aus Belgien (a. Spannagel: „Belgische Walzstraße" – Stundenleistung 0,2 bis 0,4

Tonnen Draht) und 1838 aus Deutschland (F. Thomee: „Deutsche Drahtstraße“ – Stundenleistung 1,0 bis 1,5 Tonnen Draht).

Eine ausgereifte technische Lösung schuf 1862 erst Bedson (1820 bis 1884), der auch das erste Konti-Draht-Walzwerk 1867 baute. Draht konnte hier von 4,75 Millimeter Dicke mit einer Länge bis zu 485 Meter gewalzt werden. Durch technische Neuerungen stieg von 1800 bis Ende des 19. Jahrhunderts die Schichtleistung in der Drahtherstellung von drei Tonnen auf vierhundert Tonnen.

Stimulator für die Drahtherstellung war die industrielle Revolution und die damit im Zusammenhang stehende Entwicklung der kapitalistischen Fabrikproduktion, vor allem die Herausbildung der Elektrotechnik (1830 bis 1880) sowie weiterer leitungsgebundene Techniken, zum Beispiel die Telegraphie. Ein Beispiel: Betrug 1866 das Welttelegraphennetz 284.000 Kilometer, so waren es zu Beginn des 20. Jahrhunderts 1.830.000 Kilometer.

Metalldraht wird gegenwärtig aus allen formbaren Metallen gefertigt, wobei Stahldraht bis 5 (4) Millimeter Durchmesser aus Knüppeln auf Drahtwalzstraßen (Stundenleistung über dreißig Tonnen) warm gewalzt wird. Durch Drahtziehen werden daraus Grob- (bis 4,2 Millimeter Durchmesser), Mittel- (4,2 bis 1,4 Millimeter Durchmesser), Fein- (1,4 bis 0,6 Millimeter Durchmesser) bzw. Kratzenzug (0,6 bis 0,1 Millimeter Durchmesser) hergestellt.

Gleichmäßige Querschnitte werden dabei durch Kalibrieren erzielt. Wurden blanke Oberflächen am Draht früher meist auf „Polterbänken“ erreicht, so wird das heute durch Beizen, mechanische bzw. thermo-mechanische Entzunderung erzielt. Je nach dem zu erreichenden Enddurchmesser kann bei Stahldraht ein mehrmaliges Glühen, Entzundern und Kalibrieren nötig sein. Kupferdraht erhält seine Schmiegsamkeit durch Glühen unter Luftabschluss und Abschrecken in Wasser.

Um das Ziehen von Metallfeinstdrähten, auch Wallaston-Draht genannt, zu ermöglichen, werden die zu ziehenden Metalle zuvor mit einem Metallüberzug (Platin, Gold, Aluminium meist mit Silber, Eisen oft mit Zink) versehen, der nach dem Ziehen durch Beizen wieder entfernt wird.

Dünne Drähte aus schwer schmelzbaren Metallen (Molybdän, Wolfram) werden auf pulvermetallurgischem Weg vorgefertigt, bis auf 2 Millimeter Durchmesser kalt gehämmert und anschließend auf den gewünschten Durchmesser (Glühlampenindustrie) bis auf 0,05 Millimeter, kalt gezogen. Bereits 1926 wurden gesinterte Drähte hergestellt.

Wurden bis Ende des 19. Jahrhunderts Zieheisen aus Stahl verwendet, kamen auch 1900 Schnellarbeitsstähle und etwa ab 1920 auch gesinterte Hartmetalle zum Einsatz. Für Drähte unter 0,2 Millimeter und solchen aus harten Metallen (Wolfram, Molybdän, Chrom, Nickel) werden als Ziehsteine durchbohrte Diamanten verwendet. Verstellbare Ziehmatrizen, bestückt mit Hartmetallplättchen, dienen meist zur Profildrahtherstellung, die auch durch Kaltwalzen realisiert wird. Danach lassen sich sowohl quadratische und rechteckige Drähte produzieren als auch kegelförmige Räderdrähte mit sechs, sieben, acht, zehn oder zwölf Rillen herstellen.

Neben den früher bekannten traditionellen Arten der einfach wirkenden Drahtziehmaschinen (Durchziehgeschwindigkeit: 1,5 Meter pro Sekunde) wurden ab 1871 die mehrfach wirkenden Drahtziehmaschinen mit 10 bis 25 Ziehdüsen zum Einsatz gebracht (mit den

Durchziehgeschwindigkeiten: 5,0 Meter pro Sekunde [1900]; 10 bis 12 Meter pro Sekunde [nach 1910]; 20 Meter pro Sekunde [nach 1920]; 30 Meter pro Sekunde [nach 1930]; 80 bis über 120 Meter pro Sekunde [Gegenwart].

Draht ist ein Halbfabrikat, das zu einer Vielzahl von Industrieerzeugnissen und Gebrauchsartikeln benötigt wird, zum Beispiel Drahtseilen, Nadeln, Nägeln, Gewerbekratzen, Schweißdraht, Walzkörper, elektrische Leitungen und Kabel, Drahtgeflecht (für Drahtglas, Gitter, Fischereireusen), Drahttuch (Siebe, Gaze, Täschnerwaren), Betonbewehrung.

Das Drahtseil fand im Brückenbau besonderen Einsatz. Pionierarbeit leistete da Johann August Roebling (1806 bis 1869) – ein Deutsch-Amerikaner – er war es, der zum Beispiel die Hängebrücke in Pittsburg (1840), die erste Eisenbahn-Hängebrücke über den Niagara (1851) baute, die East-River-Brücke in New York (1869) entwarf und zu bauen begann. Weitere Brückenbauleistungen sind aus Tafel 1 zu ersehen.

Erste geflochtene Drahtseile für den Förderbetrieb schuf der Oberbergrat W. A. J. Albert (1787 bis 1846) aus Clausthal 1834 in Handarbeit und setzte diese in der Grube Carolina (Harz) auch ein. Im selben Jahr begann auch die Firma Felten & Gauillaume die fabrikmäßige Fertigung solcher Drahtseile. Schon nach zwei Jahren waren bereits auf 14 Harzschächten Drahtförderseile im Einsatz.

Ab 1860 etwa wurden dann auch Seilbahnen eingesetzt, allein bis 1900 gab es etwa 1000 davon, die für den Transport von Rohstoffen eingesetzt wurden, gegenwärtig sind es etwa mehrere Tausend. Im 20. Jahrhundert kam ein hoher Bedarf für die Drahtseile sowohl aus dem Industrie- und Gesellschafts- als auch dem Wohnungsbau für Aufzüge, aber auch Drahtgeflechte für die Betonierung dieser Bauten-

Mit dem Industrialisierungsprozess im 19. Jahrhundert setzten auch die maschinelle Nadel- und Nagelproduktion aus Draht ein. Verdrillter Draht mit Stacheln geht auf M. Kelly (1868) sowie J. F. Glidden bzw. J. Haish (1873) zurück.

Auch aus modernen Bearbeitungstechnologien, zum Beispiel der Elektrotechnologien wie ECM, EDM, Laser- und Elektronenstrahlbearbeitung, ist Draht nicht mehr wegzudenken.

Einige bedeutende Hängebrückenbauwerke.

Bauzeit	Bezeichnung und Bemerkungen	Land	Stützweite in Metern
1896 bis 1903 und 1964	Elisabeth-Brücke über die Donau Wiederaufbau nach dem 2. Weltkrieg	Ungarn	290,0
1914 bis 1915	Straßenbrücke über den Rhein in Köln	Deutschland	184,5
1932	Georg-Washington-Brücke	USA	1067,0
1937	Golden-Gate-Brücke in San Francisco	USA	1.280,0
1954	Rhein-Autobahn-Brücke in Köln- Redenkirchen	Deutschland	378,0
1965	Hängebrücke über den Forth of Forth	Schottland	1.006,0
1967	Tejo-Brücke in Lissabon	Portugal	1.013,0
1964	Verrazono-Narrows-Brücke in New York	USA	1.300,0
1974	Bosporus-Brücke in Istambul	Türkei	1.074,0

Tafel 1: Einige bedeutende Hängebrückenbauwerke.

Zusatzliteratur zur Schmiedetechnik und zum Material historischer Blankwaffen.

Zusammengestellung von Stefan Mader [I]

[1] Adolf, M.; Duez, O.,: L'affinage de l'acier au Klingenthal, Üss'm Klingenthal, Association pour la Sauvegarde du Klingenthal Bulletin no. 7, 2005, p. 12/25.
[2] Adolf, M.,: Autopsie d'une lame de Cavalerie, Üss'm Klingenthal, Association pour la Sauvegarde de Klingenthal Bulletin no. 7, 2005, p. 26/33.
[3] Anossoff, P.: On the Bulat, Gorny Journal 1841, reprinted in: Annuaire du Journal des Mines de Russie, 1843, p. 192/263.
[4] Anstee, J. W.; Biek, L.: A Study in Pattern-Welding, Medieval Archaeology 5, 1961, p. 71/93.
[5] Anteins, A. K.: Im Ostbaltikum gefundene Schwerter mit damaszierten Klingen, Waffen- und Kostümkunde 8, 1966, p. 111/125.
[6] Ders., a: Structure and Manufacturing Techniques of Pattern-welded Objects Found in the Baltic States, Journal of the Iron and Steel Institute Vol. 206, Nr. 6, 1968, p. 563.
[7] Ders., b: Die kurischen rhombischen Lanzenspitzen mit damasziertem Blatt, Gladius VII, 1968, p. 5/26.
[7] Ders.: Der Damaszenerstahl in den Ländern des Ostseegebietes, Riga 1973, Russisch mit deutscher Zusammenfassung.
[8] Arbmann, H.: Zwei Ingelri-Schwerter aus Schweden, ZHWK 14, 1935/36, p. 145/148, pl. IX.
[9] Arendt, W.: Über die „wurmbunten" Klingen, ZHWK N. F. 3, H. 11, 1931, p. 296/298.
[10] Bauer, O.; Deiß, E.: Probenahme und Analyse von Eisen und Stahl, Berlin 1922.
[11] Beck, L.: Die Geschichte des Eisens in technischer und kulturgeschichtlicher Beziehung, Braunschweig 1891/1903.
[12] Becker, G.: Niedrig schmelzende Eisen-Arsen-Legierungen als Hilfsmittel für den Verbund römischer Schwertklingen, Arch. Eisenhüttenwesen 32, 1961, S. 661/665.
[13] Becker, W. (Hrsg.): Damaszener Schwerter vom Lübecker Ring. Der fränkische Friedhof am Uni-Campus Lübecker Ring, Schwerter als Waffen und Grabbeigaben, Damaszener Schmiedetechnik, Soester Beiträge zur Geschichte von Naturwissenschaft und Technik H. 8, 2000.
[14] Belaiew, N. T.: Damascene Steel, J. of the Iron and Steel Institute 97, 1918, p. 417/437.
[15] Biborski, M.; Kaczanowski, P.,: Zur Identifizierung römischer Schwertimporte im Lichte metallographischer Untersuchungen; in: Pleiner (Hrsg.) 1989, S. 379/385.
[16] Ders., Stepinski, J.; Zabinski, G.: A Renaissance Sword from Raciborz, Gladius 24, 2004, p. 187/208.
[17] Bird, V.; Hodges, H.: A metallurgical examination of two Early Iron Swords from Luristan, Studies in Conservation Vol. 13, No. 4, 1968, p. 215/223.
[18] Bohne, C., 1961: Werkstofftechnische Fragen bei deutschen Plattnerarbeiten, Waffen- und Kostümkunde 20, N. F. 3, 1961, S. 47/53.
[19] Ders.: Die Technik der damaszierten Schwerter, Archiv für das Eisenhüttenwesen 34, H. 4, S. 227/234.
[20] Bohne, C.; Dannheimer, H.: Studien zu Wurmbuntklingen des frühen Mittelalters, Bayrische Vorgeschichtsblätter 26, 1961, S. 107/122.

[I] Mader, St.: Bibliographie zur Schmiedetechnik und zum Material historischer Blankwaffen, Internet: http:www.damaszener.de/PDFs/Bibliographie.pdf

[21] Boll, P. O.; Muster, W. J., a: Metallkundliche Untersuchungen des Eisenschwerts von Singen am Hohentwiel; in: Fundberichte aus Baden-Württemberg 6, 1981, S. 113/119.
[22] Boll, P. O.; Erismann, T. H., b: Metallkundliche Untersuchung eines frühen mitteleuropäischen Eisenschwertes; in: Haefner, H. (Hrsg.), Frühes Eisen in Europa, Festschrift W. Guyan (Schaffhausen 1981).
[23] Buhler, H. E./ Straßburger, Chr.: Werkstoffkundliche Untersuchungen an zwei fränkischen Schwertern aus dem 9. Jahrhundert, Archiv für das Eisenhüttenwesen, Jahrgang 37, 1966, S. 613/619.
[24] Criado, A. J.; Martinez, J. A.; Calabres, R.; Rodriguez, L. M.; Jimenez, J. M.; Karlsson, M., a: Microstructures in Historical and Archaeological Steel Objects Resulting from Aging Process; Durch Alterungsprozesse entstandene Gefüge in historischen und archäologischen Gegenständen aus Stahl, Practical Metallography 37, H. 6, 2000, p. 315/325.
[25] Criado, A. J.; Martinez, J. A.; Jimenez, J. M.; Calabres, R., b: Metallographic Study of the Steel Blade of the Sword Tizona; Metallographische Untersuchung der Stahlklinge des Schwertes Tizona, Practical Metallography 37, H. 7, 2000, p. 370/379.
[26] Dies.: L´epée du Cid. Pour la Science 280, February 2001, p. 78/85.
[27] Denig, H., 1985: Alte Schmiedekunst Damaszenerstahl, Bd. 1 (o. O., 1985).
[28] Ders.: Damaszenerstahl - eine wieder entdeckte Verbundschweißtechnik, Burgen und Schlösser II, 1992, S. 62/69.
[29] Ders.: Alte Schmiedekunst Damaszenerstahl, Bd. 2 (o. O., 1999).
[30] Dietz, Chr.: Metallographische Untersuchungen eines Toledostahlschwertes; A metallographic examination of a Toledo Steel Sword, Praktische Metallographie/ Practical Metallography 4, 2007, p. 172/181.
[31] Dillmann, P.; Neff, D.; Vega, E.; Fluzin, P.: Etude des objets archeologiques ferreux pour la comprehension de la corrosion a tres long terme. Helvetia Archaeologica 33, 2002 - 131/132, p. 90/99.
[32] Edge, D.; Williams, A. R.: Some early medieval swords in the Wallace Collection and elsewhere, Gladius 23, 2003, p. 191/210.
[33] Ehrenreich, R. M.; Hamilton, E.; Nash, S. K.: Far from Barbaric: Re-assessing the Sophistication of Merovingian Metalworking, JOM Vol. 57, no. 8, 2005, p. 51/55.
[34] Eilender, W.: Untersuchungsbericht über Eisensachen aus dem alemannischen Friedhof Herten, Badische Fundberichte 3, H. 1, 1933, S. 27/31.
[35] Emmerling, J.: Technologische Untersuchungen an dem Schwert von Horrweiler, Forschungen und Berichte, Städtische Museen zu Berlin Bd. 8, 1967, S. 120/123.
[36] Ders.: Die Metallographische Untersuchung der Schwertklingen aus Münsingen, Jahrbuch des Bernischen Historischen Museums in Bern 47, 1967 und 48, 1968, S. 147/190.
[37] Ders.: Technologische Untersuchungen an eisernen Bodenfunden, Alt-Thüringen Bd. 12, Weimar 1972.
[38] Ders.: Metallkundliche Untersuchungen an latènezeitlichen Schwertern und Messern, Alt-Thüringen 13, 1975, S. 205/220.
[39] Ders.: Die Röntgenaufnahme, ein wichtiges Mittel zur optimalen Auswertung archäologischer Funde. Alt-Thüringen 14, 1977, S. 285/91.
[40] Ders.: Technologische Untersuchungen an kaiserzeitlichen Schwertern aus Buchhain, Alt-Thüringen 15, 1978, S. 92/102.

[1] Mader, St.: Bibliographie zur Schmiedetechnik und zum Material historischer Blankwaffen, Internet: http:www.damaszener.de/PDFs/Bibliographie.pdf

[41] Ders.: Zur Technologie zweier Schwerter und einer Lanzenspitze aus Wolkow, Alt-Thüringen 16, 1979, S. 120/126.
[42] Epprecht, W.; Schaller, E., 1981: Eisen und Stahl aus Vindonissa. Gesellschaft Pro Vindonissa, Jahresbericht 1981, S. 29/53.
[43] Faraday, M.: An Analysis of Wootz or Indian Steel, Royal Institution of Great Britain 7, 1819, p. 228.
[44] Fedosow, S.: Mechanical Properties of Modern Fabricated Pattern Welded Damascus Steels; in: Proceedings of the International Conference "Technology ′99", STU Bratislava, 8./9. September 1999, vol. I, p. 50/52.
[45] Feuerbach, A.: Damascus Steel and Crucible Steel in Central Asia, American Society of Arms Collectors Bulletin 82, 2000, p. 33/42.
[46] Feuerbach, A.; Merkel, J. F.; Griffiths, D. R., 1998: An examination of crucible steel in the manufacture of Damascus steel, including evidence from Merv, Turkmenistan; in: Metallurgica Antiqua, Der Anschnitt, Beiheft 8, 1998, S. 37/44.
[47] France-Lanord, A.: La fabrication des épées damassées aux époques mérovingienne et carolingienne, Le Pays gaumais 10, 1949, p. 19/45.
[48] Ders.: Les techniques métallurgiques appliquées à l′archéologie, Revue de Métallurgie 49, 1952, p. 411/422.
[49] Ders.: La Fabrication des Epées de Fer Gauloises, Revue d′Histoire de la Sidérurgie 5, 1964, p. 315/327.
[50] Gilles, J. W.: Untersuchungen und Schliffbilder hallstattzeitlicher Eisenwaffen; in: Rieth, 1942, S. 146/161.
[51] Gerfin, U.; Landes, R.: Leistungsfähigkeit moderner Damaszenerstähle; in: Becker, W. (Hrsg.): S. 59/66, 2000.
[52] Gogan, A.: Fighting Iron - A metals Handbook for Arms Collectors (Lincoln U. S. 1999).
[53] Hanabusa, T.; Fujiwara, H.; Bandoh, Y.; Ninomiya, K.; Fujimoto, Y., o. J.: Scientific Research of Japanese Sword (Nippontoh) - Its Curvature (Sori) and Residual Stresses; in: Residual Stresses - III, Science and Technology Vol. 2 (London, New York, o. J.), p. 1537/1542.
[54] Hanemann, H.: Metallographische Untersuchung einiger altkeltischer und antiker Eisenfunde; Internationale Zeitschrift für Metallographie 1913, S. 248/56.
[55] Ders. a: Die Umwandlungen des gehärteten Stahles beim Anlassen, Stahl und Eisen 46, 1926, S. 1508/1514.
[56] Ders. b: Über die Härtung des Stahles, Stahl und Eisen 46, 1926, S. 1585/1587.
[57] Ders.: Untersuchung von Rohstahl aus der vorrömischen Zeit, Stahl und Eisen 51, 1931, S. 67f.
[58] Hannack, G.: Japanischer Damaststahl; in: Beiträge zur Geschichte der Technik und Industrie Bd. 20, Berlin 1930, S. 87/90.
[59] Harnecker, K.: Beitrag zur Frage des Damaszenerstahls, Stahl und Eisen 44, 1924, S. 1409/1411.
[60] Dies.: Damaszenerstahl, ZHWK 11, 1926/1928, S. 58/60.
[61] Hassenstein, W.: Damaszener-Klingen, ZHWK 6, 1937/1939, S. 10/14.
[62] Hennig, E.: Technologische Untersuchungen an Schwertern der Völkerwanderungszeit aus Schlotheim, Alt-Thüringen 19, 1983, S. 83/98.
[63] Ders.: Metallkundliche Untersuchungen zur Schmiedetechnik „eiserner" Werkzeuge aus der latènezeitlichen Siedlung Widderstadt, Alt-Thüringen 21, 1986, S. 164/208.

[I] Mader, St.: Bibliographie zur Schmiedetechnik und zum Material historischer Blankwaffen, Internet: http:www.damaszener.de/PDFs/Bibliographie.pdf

[64] Horstmann, D.: Die Bedeutung der Stahlentwicklung für das Feuerverzinken; in: Gemeinschaftsausschuss Verzinken e.V. (Hrsg.): 25 Jahre Gemeinschaftsausschuss Verzinken e.V., 1951/1976 (Düsseldorf 1977), S. 58/83.
[65] Ders.: Metallkundliche Verfahren zur Untersuchung historischer Eisenfunde, Fachausschussbericht Verein Deutscher Eisenhüttenleute (Düsseldorf 1983), S. 87/104.
[66] Ders.: Metallkundliche Untersuchungen an Klingen von zwei römischen Dolchen, Ausgrabungen und Funde in Westfalen-Lippe 9/B, 1995, S. 111/135.
[67] Inoue, T.: Japanese Sword in Comparison with Others . The steel, manufacturing method and computer simulation of quenching process. International Conference on Mechanical Behaviour of Materials (ICM-8) (Victoria CN 1999).
[68] Inoue, T.; Uehara, T.: Quenching Process Simulation of Japanese Sword covered with Clay, Journal of the Society of Materials Science Japan Vol. 44, No. 498, 1995, p. 309/315.
[69] Johansen, O.: Geschmiedete Geschützkugeln, ZHWK N.F. 2, (Bd. 11), 1927, S. 236/238.
[70] Kaczanewski, P.; Kedzierski, Z.; Stepinski, J.: Archaeometallurgy in Europe: September 24-26th 2003 Milan, Proceedings Vol. 1, Associazione Italiana di Metallurgia 2003, p. 97/103.
[71] Kato, T.: From Bendable Sword to Breakable Sword - A Development of the Japanese Sword, Bulletin of the Metals Museum 26, 1996-II, p. 60/65.
[72] Kedzierski, Z.; Stepinski, J.: Classification of the Manufacturing Technology of double-edged swords of the 1st to 4th centuries A. D. from Europe; in: Pleiner (Hrsg.): 1989, p. 387/391.
[73] Kinder, J.: Damaszierte Schwertklingen - wie lange und bei welchen Temperaturen wurde geschmiedet? Ferrum 77, 2005, p. 99/111.
[74] Kirchweger, F. (Hrsg.): Die heilige Lanze in Wien - Insignie, Reliquie, Schicksalsspeer; in: Seipel, W. (Hrsg.): Schriften des Kunsthistorischen Museums, Bd. 9 (Wien 2005).
[75] Kishida, T.; Satoh, Y.; Miyake, H.; Murakawa, Y.; Suzuki, T.; Kihara, A.; Kubo, Y.: Characteristic Changes of Several Iron and Steel Materials during Forging Process of the Japanese Swordmaking; in: Proceedings of the Fourth International Conference on the Beginning of the Use of Metals and Alloys (BUMA - IV) (Matsue 1998), p. 1/6.
[76] Kleemann, O.: Stand der archäologischen Forschung über die eisernen Doppelpyramiden- (Spitz-)Barren. Archiv für das Eisenhüttenwesen 32, H. 9, 1961, S. 581/585.
[77] Kozuka, J.: "Tatara" Process - A Pig Iron- and Steel-making Process, transmitted from ancient times in Japan. Transactions of the Iron and Steel Institute of Japan Vol. 18, 1968, p. 36/47.
[78] Kubota, K.: Japan´s original steel making and ist development under the influence of foreign technique, Colloques Internationaux C.N.R.S. No. 538 . L´acquisition des techniques par les pays non-initiateurs (o. O. 1970).
[79] Landes, R.: Messerklingen und Stahl - Technologische Betrachtung von Messerschneiden (Bruckmühl 2002).
[80] Lang, J.: The Technology of Celtic Iron Swords; in: Scott, B. G. (Hrsg.): The Crafts of the Blacksmith; Festschrift für R. F. Tylecote (Belfast 1987), S. 61/72.
[81] Lang, J.; Ager, B.: Swords of the Anglo-Saxon and Viking Periods in the British Museum: A Radiographic Study; in: Chadwick-Hawkes, S. (Hrsg.), 1989, p. 85/115.
[82] Lenz, E. von: Über Damast ZHWK 4, 1906/08, S. 132/142.

[I] Mader, St.: Bibliographie zur Schmiedetechnik und zum Material historischer Blankwaffen, Internet: http:www.damaszener.de/PDFs/Bibliographie.pdf

[83] Leppaaho, J.: Spateisenzeitliche Waffen aus Finnland, Suomen Muinaismuistoyhdistyksen Aikakauskirja Finska Fornminnesforeningens Tidskrift 61, 1964.
[83] Mäder, S.: Mado wo akeru - Ein Fenster offnen, Überlegungen zur Kategorisierung europäischer Klingen auf der Grundlage japanischer Begutachtungskriterien, Ethnographisch-Archäologische Zeitschrift 41, H. 1, 2000, S. 17/27.
[84] Dto.: Stähle, Steine und Schlangen. Zur kultur- und technikgeschichtlichen Einordnung dreier Schwertklingen aus dem alamannischen Siedlungsraum, Dissertation Humboldt Universität Berlin 2001, bislang nur einsehbar auf Microfiche, Veröffentlichung in Vorbereitung.
[85] Dto., a: Notizen zu Lanze, Sax und Spatha, Vorbericht über einen Forschungsaufenthalt in Japan; in: Bucker, Chr.; Hoeper, M.; Krohn, N.; Trumm, J. (Hrsgg.): Regio Archaeologica - Archäologie und Geschichte an Ober- und Hochrhein, Festschrift für G. Fingerlin, Studia honoraria 18 (Rahden/Westf. 2002), S. 277/285.
[86] Dto., b: Kleinkems - Ein hochmittelalterliches Schwert mit Paranussknauf. Fundberichte aus Baden-Württemberg 26, 2002, S. 179/182.
[87] Dto.: Zum Tatara - Rennverfahren . Bericht über einen Besuch am japanischen Eisenhüttenmuseum (Wako Hakubutsukan) in Yasugi, Shimane-Prafektur, Japan; in: Stollner, Th.; Korlin, G.; Steffens, G.; Cierny, J.: Man and Mining - Mensch und Bergbau, Studies in Honour of Gerd Weisgerber on Occasion of his 65th birthday (Bochum 2003), S. 319/329.
[88] Dto.: Alter Stahl in neuem Glanz, Der Wormsgau 1, 2004, S. 23/31.
[89] Dto.: Stähle, Steine und Schlangen - ein neuer Blick auf alte Schwerter, Karfunkel Combat 1, 2005, p. 49/51.
[90] Dto.: Scott´s Talisman, Damastsalat und Nanodraht - Beobachtungen zur Grundlage naturwissenschaftlicher Untersuchungen eines Phantoms, des sog. Damaszener Stahls 2006: http://www.archaeologie-online.de/. Erscheint bis 2008 im Druck in: Waffen und Kostümkunde.
[91] Dto.: Japanese Sword – Appraisal: Its Significance for Archaeometallurgical Research within International Archaeology and Materials Science. 2007.
[92] Kokugakuin Daigaku Kiyo, Transactions of Kokugakuin University Vol. 45, 2007, p. 95/107.
[93] Martin, G.; Foley, F.: Weyland the smith: some findings. Journal of the Historical Metallurgy Society JHMS 13, No. 1, 1979, p. 38/39.
[94] Maryon, H.: Pattern-welding and damascening of sword-blades. Studies in Conservation 5, 1960, p. 25/37, p. 52/60.
[95] Matsushita, Y.: Restoration of the "Tatara" Iron-making Process of Japan, Proceedings ICSTIS, Suppl. Trans. ISIJ, Vol. 11, 1971, p. 212/218.
[96] Maugh, Th. H. (on Sherby, O. D.; Wadsworth, J.): A Metallurgical Tale of Irony. Two Stanford investigators studying super-plastic metals rediscover the secret of manufacturing Damascus steel, Science 215, 1982, p. 153.
[97] Mehofer, M.; Leusch, V.; Buhler, B.: Archäometallurgische Untersuchungen an der Heiligen Lanze in der Wiener Schatzkammer; in: Kirchweger 2005, S. 169/190.

[I] Mader, St.: Bibliographie zur Schmiedetechnik und zum Material historischer Blankwaffen, Internet: http:www.damaszener.de/PDFs/Bibliographie.pdf

[98] Melzer, W. (Hrsg.): Schmiedehandwerk in Mittelalter und Neuzeit, Beitrage des 6. Kolloquiums des Arbeitskreises zur archäologischen Erforschung des mittelalterlichen Handwerks; in: Soester Beitrage zur Archäologie 5 (Soest 2004).
[99] Naumann, F. K.: Die Untersuchung alter eiserner Fundstücke und die dazu verwendeten Verfahren, in: Levey, M. (Hrsg.): Archaeological Chemistry, A Symposium, Oxford University Press, 1967, p. 181/203.
[100] Neumann, B., 1927: Römischer Damaststahl. Arch. Eisenhüttenwesen 1, H. 3, 1927, S. 241/244.
[101] Ders., 1954: Die ältesten Verfahren der Erzeugung technischen Eisens, Freiberger Forschungshefte D 6, Kultur und Technik (Berlin 1954).
[102] Neumayer, J.: Vergleich von Festigkeits- und Zähigkeitswerten sowie der Gefügeausbildung bei Damaststählen und konventionellen Klingenwerkstoffen, unveröffentlichte Diplomarbeit Fachhochschule München, Fachbereich Maschinenbau, München 1987.
[103] Nicodemi, W.; Mapelli, C.; Venturini, R.; Riva, R.: Metallurgical Investigations on four sword-blades of 7th and 3rd century B. C. found in Central Italy, ISIJ (Iron and Steel Institute of Japan) International, Vol. 45, 2005, p. 1358/1376.
[104] Notis, M. R.: The history of the metallographic study of the Japanese Sword, Materials Characterizaton, Vol. 45, No. 4, October 2000, p. 253/258.
[105] Oakeshott, R. E.: A Sword of Edward III; in: Oakeshott, R. E.: Records of the Medieval Sword (Woodbridge 1991), p. 267/305.
[106] Ogawa, M.: Restoration of Japanese Swords in the Collection of The Metropolitan Museum of Art; in: Project for Conservation of Works of Japanese Art in Foreign Collections, Tokyo National Research Institute of Cultural Properties (Tokyo 2000), p. 16/28.
[107] Panseri, C., 1954: Ricerche metallografiche sopra una spada da guerra del XII secolo, Assoziazione Italiana per la Storia di Metallurgia. Documenti e contributi per la storia della metallurgia, Quaderno 1 (Milan 1954), p. 5/33.
[108] Ders.: Damascus Steel in Legend and Reality. Gladius 4, 1965, p. 5/67.
[109] Panseri, C.; Leoni, M.: Research on an Iron Spearhead from the Etruscan Sanctuary of Fanum Voltumnae, Fourth to Third Centuries B. C.; in: Levey, M. (Hrsg.): Archaeological Chemistry, A Symposium (Oxford 1967), p. 205/229.
[110] Papachristou, O. A.; Swertschkow, L. M.: Eisen aus Ustruschana und Tiegelstahl aus dem Fergana-Becken, Forschungen zur mittelalterlichen Eisenproduktion in Mittelasien, Der Anschnitt 45, H. 4, 1993, S. 122/131.
[111] Paysan, M.: Im Feuer geboren - dem Wasser geweiht. Technologische Untersuchung und Rekonstruktion der Herstellungstechnik keltischer Knollenknaufschwerter im Hinblick auf deren chronologische Einordnung, Fundberichte aus Baden-Württemberg 28/1, 2005, p. 93/206.
[112] Peege, Chr.: Neues Licht in dunkle Geschäfte bringen, Helvetia Archaeologica 33, 2002, 131/132, p. 126/130.
[113] Piaskowski, J.: The manufacture of mediaeval damascened knives, Journal of the Iron and Steel Institute, July 1964, p. 561/568.
[114] Ders.: O Stali Damasceńskiej (Wrocław - Warszawa 1974), mit englischer Zusammenfassung.

[I] Mader, St.: Bibliographie zur Schmiedetechnik und zum Material historischer Blankwaffen, Internet: http:www.damaszener.de/PDFs/Bibliographie.pdf

[115] Ders.: Metallographic Examination of a Japanese Sword, Historical Metallurgy, vol. 27, No. 2, 1993, p. 110/117.
[116] Pleiner, R.: Metallographische Untersuchungen von vor- und frühgeschichtlichen eisernen Gegenständen aus der Tschechoslowakei; Stahl und Eisen 79, 1959, p. 294/298.
[117] Ders.: Stare Evropske Kovarstvi, Alteuropäisches Schmiedehandwerk (Prag 1962).
[118] Ders.: Die Technologie des Schmiedes in der Großmährischen Kultur, Slovenska Archeológia XV-1, 1967, p. 77/134.
[119] Ders.: Zur Schmiedetechnik im römerzeitlichen Bayern, Bayerische Vorgeschichtsblätter 35(?), 1970, S. 113/141, Taf. 8/20.
[120] Ders.: Nachbildung einer spatkaiserzeitlichen wurmbunten Schwertklinge aus Nordostböhmen; in: Festschrift für Richard Pittioni, Archaeologia Austriaca, Beiheft 14 (Wien 1976), S. 130/141.
[121] Ders.: Die Wege des Eisens nach Europa; in: Haefner, H. (Hrsg.): Frühes Eisen in Europa, Festschrift W. U. Guyan, Schaffhausen 1981, S. 115/128.
[122] Ders., (Hrsg.), 1989: Archaeometallurgy of Iron. International Symposium of the Comité pour la Sidérurgie ancienne de l'UISPP in Liblice 5-9 October 1987 (Prag 1989).
[123] Ders.: Die Technologie eines frühmittelalterlichen Schwertes aus Varin, Slowakei, Archeologicke rozhledy 42, 1990, p. 674/733.
[124] Ders.: The Celtic Sword (Oxford 1993).
[125] Ders., 1996: Vom Rennfeuer zum Hochofen. Die Entwicklung der Eisenverhüttung, 9.-14. Jahrhundert; in: Lindgren, U. (Hrsg.): Europäische Technik im Mittelalter 800-1200, Tradition und Innovation, Berlin 1996, S. 249/256.
[126] Ders.: A Celtic bronze coated iron sword blade from Manching; in: Der Anschnitt, Beiheft 8: Metallurgica Antiqua, Bochum 1998, S. 163/169.
[127] Pohl, M.; Lindner, N.: Damaszener Stahl; in: Becker, W. (Hrsg.), 2000, S. 25/32.
[128] Pusch, R.: Metallkundliche Aussagen an alten Eisenfunden, Ergebnisse von Gemeinschaftsuntersuchungen des Geschichtsausschusses. Verein Deutscher Eisenhüttenleute, Fachausschussbericht 9.003 (Düsseldorf 1974).
[129] Radecker, W.; Naumann, F. K.: Untersuchung vor- oder frühgeschichtlicher Spitzbarren; Arch. Eisenhüttenwesen 32, 1961, S. 587/595.
[130] Raub, C. J.: Was kann der Archäologe von der Metallkunde erwarten? Beispiele aus Baden-Württemberg, Fundberichte aus Baden-Württemberg 10, 1985, S. 365.
[131] Reimer, P.: Vom Damaszenerstahl. ZHWK 11, N. F. 2, 1926/1928, S. 228/231.
[132] Riedel, E.: Bibliographie zu Material und Technologie kulturgeschichtlicher Eisenobjekte, Berliner Beiträge zur Archäometrie 8, 1983, S. 337/365.
[133] Riederer, J.: Kunstwerke chemisch betrachtet (Berlin - Heidelberg - New York 1981).
[134] Rohde, F., 1932/34: Schmiedetechnik der wurmbunten Klingen des 8. und 9. Jahrhunderts, ZHWK N. F. 4, 1932/34, S. 38/40.
[135] Rupe, H.; Muller, F.: Chemische und metallographische Untersuchungen prähistorischer Eisenfunde. Verhandlungen der naturforschenden Gesellschaft Basel 1916, 108 ff.
[136] Rupp, A.: Metallographische Untersuchung von Halbarten des historischen Museums Bern zur Ermittlung unterschiedlicher Herstellungsverfahren und Eisenqualitäten.

[I] Mader, St.: Bibliographie zur Schmiedetechnik und zum Material historischer Blankwaffen, Internet: http:www.damaszener.de/PDFs/Bibliographie.pdf

[137] Sachse, M.: Die Restaurierung von Damaszenerstahl. Arbeitsblatter für Restauratoren, H. 1, Gruppe 1, 1978, S. 113/123.

[138] Ders., a: Damaszener Stahl; Mythos, Geschichte, Technik, Anwendung, 2. erw. Aufl., Bremerhaven 1993.

[139] Ders., b: Alles über Damaszener Stahl, Bremerhaven 1993.

[140] Ders.: Die schmiedegerechte Rekonstruktion des Essener Schwertes; in: Pothmann, A. (Hrsg.), 1995 a, S. 99/107.

[141] Sachsenberg, E.: Mechanische Technologie der Metalle in Frage und Antwort (Berlin 1924).

[142] Salin, E.: La Civilisation Mérovingienne, 3-ième Partie: Les Techniques (Paris 1957).

[143] Schauwinhold, D., 1985: Aus der Geschichte des Werkstoffes Stahl, Stahl und Eisen 105, 1985, Nr. 22, 1985, S. 1275/1282.

[144] Schottky, H., 1953: Praktische Metallprüfung, Die metallographischen Prüfverfahren und ihre Anwendung (Braunschweig 1953).

[145] Schreiner, M.; Desnica, V.; Jembrih-Simburger, D.: Naturwissenschaftliche Untersuchungen an der Heiligen Lanze; in: Kirchweger 2005, S. 191/208.

[146] Schürmann, E.: Untersuchungen an Nydam-Schwertern, Archiv für das Eisenhüttenwesen 30, 1959, S. 121/126.

[147] Schürmann, E.; Schroer, H.: Härte- und Glühversuche an dem Klingenbruchstück eines Nydam-Schwertes, Archiv für das Eisenhüttenwesen 30, 1959, S. 127/130.

[148] Schulz, E. H.: Über die Volumen- und Formänderung des Stahles beim Härten, Dissertation (Berlin 1914).

[149] Ders.: Über den Werkstoff des Schweißeisen-Zeitalters; Arch. Eisenhüttenwesen 26, 1955, S. 365/371.

[150] Ders.: Über die metallkundliche Untersuchung einiger römischer Schwertklingen; Technische Beitrage zur Archäologie 1, 1959, S. 46/64.

[151] Ders.: Über die Ergebnisse neuerer metallkundlicher Untersuchungen alter Eisenfunde und ihre Bedeutung für die Technik und die Archäologie, Köln, 1961.

[152] Ders.: Zielsetzung und Arbeitsverfahren bei der metallkundlichen Untersuchung von alten Eisen- und Stahlerzeugnissen, besonders von Fundstücken aus dem Zeitalter des Schweißeisens, Arch. Eisenhüttenwesen 34, 1963, S. 961/963.

[153] Ders.; Pleiner, R.: Untersuchungen an Klingen eiserner Latèneschwerter; in: Technische Beitrage zur Archäologie 2 (Mainz 1965), S. 38/51.

[154] Segebade, C.: Bemerkungen zum europäischen Damaszener Stahl. Arbeitsblatter für Restauratoren 1, 1997, 30. Jahrgang, Gruppe 19, S. 149/159.

[155] Senn, M.; Lienemann, P.; Buhrer, Th.: Archäologische Eisenverhüttung im Experiment - Messungen von Reaktionsparametern und Reaktionsprodukten, Zeitschrift für Schweizerische Archäologie und Kunstgeschichte 58, H. 1, 2001, S. 81/87.

[156] Senn-Bischofberger, M.: Das Schmiedehandwerk im nordalpinen Raum von der Eisenzeit bis ins frühe Mittelalter; in: Dobiat, C.; Leidorf, K. (Hrsg.): Internationale Archäologie - Naturwissenschaft und Technologie (Rahdon, Westfalen 2005).

[157] Senn, M., Doswald, C.; Hollmann, V.; Boll, P. O.: Experimentelle Archäologie - Eisenverhütten, Damastschmieden und Bronzegießen, EMPA Materials Science & Technology, o. O., 2006.

[158] Sherby, O. D.; Wadsworth, J.: On the Bulat (Damascus Steels), Bulletin of the Metals Museum Vol. 4, December 1979, p. 7/22.

[I] Mader, St.: Bibliographie zur Schmiedetechnik und zum Material historischer Blankwaffen, Internet: http:www.damaszener.de/PDFs/Bibliographie.pdf

[159] Dies.: Damascus Steels, Scientific American 252.2, 1985, p. 94/99.
[160] Smith, C. S., a: Das Ätzen von Metallen für künstlerische und wissenschaftliche Zwecke, Endeavour 16, 1957, p. 199/208.
[161] Ders., b: A metallographic examination of some Japanese sword blades, Documenti e Contributi, Centro per la Storia della Metallurgia, Mailand, Quaderno II, 1957, p. 41/68.
[162] Ders.: A History of Metallography; the development of ideas on the structure of metals before 1890 (Chicago 1960, Reprint: London 1988).
[163] Ders.: Sources for the History of the Science of Steel (1532-1786), Cambridge, USA, 1968.
[164] Ders., a: A Search for Structure - Selected Essays on Science, Art and History (Cambridge, Massachusetts - London 1981).
[165] Ders., b: Metallurgical Footnotes to the History of Art; in: Smith, 1981 a, p. 242/305.
[166] Ders., c: The discovery of Carbon in Steel; in: Smith, 1981 a, p. 33/53.
[167] Ders., d: The Interpretation of Microstructures of Metallic Artefacts, in: Smith, 1981 a, p. 69/111.
[168] Ders., e: Art, Technology and Science: Notes on their Historical Interaction; in: Smith, 1981 a, p. 191/241.
[169] Ders.: Damascus Steel, Science 216, 1982, p. 242/243.
[170] Smith-Lyman, B.: Metallurgical and other features of Japanese Swords, given December 6, 1895; Art and the Sword 2, 1989, p. 109/119.
[171] Sommer, F.: Zur Geschichte der Solinger Klingen- und Waffenindustrie; in: Matschoß, C. (Hrsg.), Beiträge zur Geschichte der Technik und Industrie, Jahrbuch des Vereins Deutscher Ingenieure, Bd. 12, 1922, S. 109/123.
[172] Ders.: Die technische Entwicklung der Solinger Klingenfabrikation. Dissertation Technische Hochschule zu Aachen (Düsseldorf 1923). Die Arbeit ist ebenfalls erschienen in: Mitteilungen aus dem Kaiser-Wilhelm-Institut für Eisenforschung 5, 1924, S. 127/143.
[173] Stead, I. M.: British Iron Age Swords and Scabbards (British Museum Publications, London 2005).
[174] Stender, D.: Werkstoffkundliche Untersuchungen eines fränkischen Schwertes aus dem späten 6./7. Jahrhundert - Ein Beitrag zur Erforschung alter Schmiedekunst, 2001, Quelle: Internet: http://home.t-online.de/home/detlef.stender/schwert.htm
[175] Szameit, E.: Die Heilige Lanze in der Wiener Schatzkammer. Bemerkungen zu Form und Verwendung von Flügellanzen aus dem Blickwinkel der Archäologie und der Waffenkunde; in: Kirchweger 2005, S. 145/168.
[176] Takaishi, S.: The art of sword-making, quality, and beauty of Japanese swords. Steel Research 72, No. 10, 2001, p. 380/387.
[177] Tanimura, H.: Development of the Japanese Sword. Journal of Metals, February 1980, p. 63/73.
[178] Tawara, K.: Nihonto no kagakuteki Kenkyu, Chemische Untersuchungen an japanischen Schwertern, Tokyo 1953.
[179] Thoma, Chr.: Zerstörungsfreie Untersuchungsmethoden; in: Pothmann, A. (Hrsg.): 1995 a, p. 22/32.
[180] Thomsen, R., a: Metallografische Untersuchungen an wikingerzeitlichen Eisenbarren aus Haithabu; in: Schietzel, K. (Hrsg.): 1971, S. 9/29.

[I] Mader, St.: Bibliographie zur Schmiedetechnik und zum Material historischer Blankwaffen, Internet: http:www.damaszener.de/PDFs/Bibliographie.pdf

[181] Ders., b: Metallografische Untersuchungen an drei wikingerzeitlichen Eisenäxten aus Haithabu; in: Schietzel, K. (Hrsg.): 1971, S. 30/57.
[182] Ders., c: Metallografische Untersuchung einer wikingerzeitlichen Lanzenspitze aus Haithabu; in: Schietzel, K. (Hrsg.): 1971, S. 58/83.
[183] Ders.: Pattern-welded swords from Illerup and Nydam; in: Pleiner, R. (Hrsg.): 1989, p. 371/377.
[184] Ders.: Metallografiske undersoegelser af sv.rd og spydspidser fra mosefundene i Illerup og Nydam, Aarbøger for Nordisk Oldkyndighed og Historie 1992, p. 281/310.
[185] Timpel, W.: Ergebnisse einer Neuuntersuchung des karolingischen Schwertes von Ottmannshausen, Kr. Sömmerda. Ausgrabungen und Funde 8, 1963, S. 262/263.
[186] Ders.: Neue kulturhistorische Untersuchungen an frühmittelalterlichen Gräbern. Alt-Thüringen 8, 1966, S. 281/295.
[187] Trullinger, S.; Zgraggen, M.: Neues zu asiatischen Krisen - ein Aufsatz zur Untersuchung an historischen Waffen, Helvetia Archaeologica 33, 2002, p. 144/150.
[188] Tsuwa, H.: Science and Spirit of Nippon-toh (Japanese Sword). 3rd international conference on production engineering July 14-16th, Symposium - Human Skill and Precision Engineering (Kyoto 1977).
[189] Tylecote, R. F.; Gilmour, B. I. J., 1986: The Metallography of Early Ferrous Edge Tools and Weapons, BAR, British Series 155, 1986.
[190] Verhoeven, J. D.: Wunder der Schmiedekunst – Damaszenerklingen, Spektrum der Wissenschaft, H. 10, 2001, S. 62/67.
[191] Verhoeven, J. D.; Pendray, A. H.; Dauksch, W. E: The Key Role of Impurities in Ancient Damascus Steels, JOM 50 (9), 1998, p. 58/64, on the Internet: http://www.tms.org./pubs/journals/JOM/9809/Verhoeven-9809.html
[192] Vigneron, A.: Möglichkeiten der Typologisierung von damaszierten Schwertern mit Hilfe moderner computertomographischer Verfahren, Arbeitsblätter für Restauratoren H. 2, 1999, Gruppe 1, S. 305/309.
[193] Voss, R. F.: Die Grundmuster der Schweißdamaszierung I, Neue Museumskunde 19, 1976, S. 225/233.
[194] Wadsworth, J.; Sherby, O. D.: On the Bulat (Damascus Steels), Bulletin of the Metals Museum Vol. 4, December 1979, p. 7/22.
[195] Wagner, D. B.: Iron and Steel in Ancient China (Leiden - New York – Köln 1993).
[196] Westphal, H.: Die Restaurierung und Untersuchung eines karolingerzeitlichen Schwertes, Arbeitsblätter für Restauratoren H. 2, 1980, S. 141/148.
[197] Ders.: Besondere Schweißtechnik an zwei Saxklingen des 7. Jahrhunderts von Lembeck (Stadt Dorsten); Ausgrabungen und Funde in Westfalen-Lippe 2, 1984, S. 57/68.
[198] Ders.: Ungewöhnliche Schweißtechniken und Dekorationen an zwei Saxen des 8. Jahrhunderts, Restaurierung, Untersuchung, Dokumentation, Arbeitsblätter für Restauratoren, H. 1, Gruppe 1, 1986, S. 217/224.
[199] Ders., a: Untersuchungen an Saxklingen des sächsischen Stammesgebietes: Schmiedetechnik, Typologie, Dekoration; in: Studien zur Sachsenforschung 7, 1991, S. 271/365.
[200] Ders., b: Beobachtungen bei der Restaurierung und Untersuchung ausgewählter Funde aus dem frühmittelalterlichen Gräberfeld von Wünnenberg-Fürstenberg; in: Melzer, W. (Ed.): Das frühmittelalterliche Gräberfeld von Wünnenberg-Fürstenberg, Kreis Paderborn (Münster 1991), S. 91/119.

[I] Mader, St.: Bibliographie zur Schmiedetechnik und zum Material historischer Blankwaffen, Internet: http:www.damaszener.de/PDFs/Bibliographie.pdf

[201] Ders., a: Ein römischer Prunkdolch aus Haltern. Untersuchungen zur Schmiedetechnik und Konstruktion, Ausgrabungen und Funde in Westfalen-Lippe 9/B, 1995, S. 95/109.
[202] Ders., b: Die Untersuchung und Restaurierung des Essener Schwertes; in: Pothmann, A. (Hrsg.), 1995 a, S. 33/77.
[203] Ders., a: Zur Bewaffnung und Ausrüstung bei Sachsen und Franken; in: Stiegemann; Wemhoff (Hrsg.), 1999, S. 323/327.
[204] Ders., b: Herstellungstechnische Merkmale ausgewählter Schwerter des Gräberfeldes Schortens; in: Über allen Fronten - Nordwestdeutschland zwischen Augustus und Karl dem Großen; Katalog zur Sonderausstellung im Staatlichen Museum für Naturkunde und Vorgeschichte Oldenburg (Oldenburg 1999), S. 249/253.
[205] Ders., c: Untersuchungen an Messern vom Spandauer Burgwall; in: Müller, A. v.; Müller-Muci, K. (Hrsg.): Neue Forschungsergebnisse vom Burgwall in Berlin-Spandau; Berliner Beiträge zur Vor- und Frühgeschichte 9, 1999, S. 51/79.
[206] Ders.: Zur Damaszierung frühmittelalterlicher Waffen; in: Becker, W. (Hrsg.), 2000, S. 13/24.
[207] Ders.: Franken oder Sachsen? Untersuchungen an frühmittelalterlichen Waffen, Studien zur Sachsenforschung 14 (Oldenburg 2002).
[208] Ders.: Zur Entwicklung mittelalterlicher Waffen; in: Melzer 2004, S. 47/61.
[209] Wever, F.: Das Schwert in Mythos und Handwerk (Köln 1961).
[210] Willen, D.; Soedel, W.; Foley, F.: The story of Weyland the smith. Journal of the Historical Metallurgy Society 10, No. 2, 1976, p. 84/86.
[211] Williams, A. R.: Methods of Manufacture of Swords in Medieval Europe: illustrated by the Metallography of some Examples, Gladius 13, 1977, p. 75/101.
[212] Ders.: Seven Swords of the Renaissance from an Analytical Point of View. Gladius 14, 1978, p. 97/127.
[213] Williams, A. R.; de Reuck, A.: The Royal Armoury at Greenwich 1515-1649; A History of its Technology, Royal Armouries Monograph 4 (Leeds 1995, 1998).
[214] Williams, A. R.: The Metallurgy of Medieval Arms and Armour; in: Nicolle 2002, p. 45/54.
[215] Ders.: The Manufacture of Armour in Germany: The Metallurgical Evidence from Specimens in German Museums, 14th-17th Centuries, WKK 46, 1987, p. 90/106.
[216] Ders.: The manufacture of armour in Medieval Europe; in: Helmig, G.; Scholkmann, B; Untermann, M. (Hrsg.): Centre - Region – Periphery; Medieval Europe Basel 2002, Vol. 1 (Hertingen 2002) p. 410/417.
[217] Ders.: The Knight and the Blast-Furnace: A History of the Metallurgy of Armour in the Middle Ages and Early Modern Period (Leiden 2003).
[218] Yalcin, U./Hauptmann, A.: Archäometallurgie der früh- und hochmittelalterlichen Eisenverhüttung im Vorland der Schwabischen Alb; in: Abbau und Verhüttung von Eisenerzen im Vorland der mittleren Schwabischen Alb, hrsg. vom Landesdenkmalamt Baden-Württemberg (Stuttgart 2003), S. 127/158.
[219] Ypey, J.: Au sujet des armes avec damas soude en Europe, Archeologie Medievale 11, 1981, p. 147/157.
[220] Ders.: Europäische Waffen mit Damaszierung. Archäologisches Korrespondenzblatt 12, 1982, S. 38/88.
[221] Ders., a: Rekonstruktionsversuch der Schwertklinge von Sutton Hoo, Arch. Korr. 13, 1983, p. 495/498.

[I] Mader, St.: Bibliographie zur Schmiedetechnik und zum Material historischer Blankwaffen, Internet: http:www.damaszener.de/PDFs/Bibliographie.pdf

[222] Ders., b: „Damaszierung“; in: Hoops Reallexikon der Germanischen Altertumskunde, 1983, S. 191/213.
[223] Ders.: Einige wikingerzeitliche Schwerter aus den Niederlanden, Offa 41, 1984, p. 213/225.
[224] Zgraggen, M.; Trullinger, S.: Neues zu asiatischen Krisen. Ein Aufsatz zur Untersuchung an historischen Waffen, Helvetia Archaeologica 33, 2002, p. 131/132; p. 144/150.
[225] Dies.: Einfluss der Lagenzahl auf die Kerbschlagarbeit bei Lagen- bzw. Schweißdamast, Praktische Metallographie 42, 2005, S. 219/238.
[226] Zschokke, B.: Du Damassé et des lames de Damas. Revue de Metallurgie 21, 1924, p. 635/669.

[I].

[I] Mader, St.: Bibliographie zur Schmiedetechnik und zum Material historischer Blankwaffen, Internet: http:www.damaszener.de/PDFs/Bibliographie.pdf

Vita des Autors.

Name:	Dr. Wolfgang Piersig
Geburtstag:	12. Mai 1944
Geburtsort und Schulbesuch:	Lessingstadt Kamenz (Sachsen)
Wohnort:	Berg- und Adam-Ries-Stadt Annaberg-Buchholz
Persönliche Verhältnisse:	verheiratet seit 1965 mit Frau Stefanie-Konstanze, Lochner, zwei Töchter.
Abschlüsse:	Schlosser (1961), BKW Heide-Wiednitz; Dipl.-Ing. (FH) für Kohleveredlung (1964), Berg-Ingenieur-Schule Senftenberg; Dipl.-Ing. für Werkstofftechnik (1972), Promotion zum Doktor-Ingenieur (1979), Hochschulpädagogik Stufe I und II (1980), Technische Hochschule Karl-Marx-Stadt; Technikgeschichte (1987), Technische Universität Dresden;

Fachautor für Technikgeschichte:

- *Adolf Martens – Erinnerungen an den Nestor der Materialprüfungen der Technik.* GRIN-Verlag; Archivnummer: V83903, ISBN (E-Book): 978-3-638-88760-1; ISBN (Buch): 978-3-638-90360-8.
- *Emil Heyn – Adam-Ries-Nachfahre, gewidmet dem Nestor zweier Technikwissenschaften Metallkunde und Metallographie.* GRIN-Verlag; Archivnummer: V84013, nur ISBN (E-Book): 978-3-638-87588-2.
- *Erinnerungen an den 170. Geburtstag von Alexandre Gustave Eiffel und Bau des Eiffelturms vor 115 Jahren.* GRIN-Verlag; Archivnummer: V83763, ISBN (E-Book): 978-3-638-88603-1; ISBN (Buch): 978-3-638-90513-8.
- *Vannoccio Biringuccio und die Pirotechnia – 525. Geburtstag des ersten Autors der Metallurgie.* GRIN-Verlag; Archivnummer: V83955, ISBN (E-Book): 978-3-638-88607-9; ISBN (Buch): 978-3-638-90372-1.
- *Ein Exkurs durch die bedeutendsten Weltausstellungen von 1851 bis 2005 für Fachleute, Interessierte und Laien.* GRIN-Verlag; Archivnummer: V83815, ISBN (E-Book): 978-3-638-88605-5; ISBN (Buch): 978-3-638-89274-2.
- *Die Palmenblattflechterei und das Castell de Capdepera auf Mallorca.* GRIN-Verlag; Archivnummer: V116704, ISBN (E-Book): 978-3-640-18703-4; ISBN (Buch): 978-3-640-18856-7.
- *ECM - Elektrochemische Metallbearbeitung und EC-Kombinationsverfahren - Ein Beitrag zur Technikgeschichte anlässlich des 85. Geburtstag von Herrn Prof. Dr. rer. nat. sc. techn. Hans Wicht.* GRIN-Verlag; Archivnummer: V117592, ISBN (E-Book): 978-3-640-19823-8; ISBN (Buch): 978-3-640-19833-7.

- *Emil Heyn. Nestor der Technikwissenschaften Metallkunde und Metallographie. Ein kurzer Auszug aus der Emil-Heyn-Chronik und Rückblick auf das am 6. und 7. Juli 2007, anlässlich des 140. Geburtstages von Emil Heyn, in der Berg- und Adam-Ries-Stadt Annaberg-Buchholz stattgefundene Emil-Heyn-Kolloquium.*
  GRIN-Verlag; Archivnummer: V120087,
  ISBN (E-Book): 978-3-640-23584-1; ISBN (Buch): 978-3-640-23588-9.
- *Henry Clifton Sorby – Begründer der klassischen Metallographie – Mit einem Abstract über die Herausbildung der Technikwissenschaft Metallographie, nebst Originalquellen, Schrifttumstipps, Literaturregister.*
  GRIN-Verlag; Archivnummer: V123320,
  ISBN (E-Book): ISBN: 978-3-640-27261-7; ISBN (Buch): ISBN: 978-3-640-27265-5.
- *Henry Bessemer und das Bessemern, mit einer Sammlung und Anlage von Veröffentlichungen darüber.*
  GRIN-Verlag; Archivnummer: V131002,
  ISBN (E-Book): 978-3-640-36415-2; ISBN (Buch): 978-3-640-36361-2.
- *Der Kristallpalast zu London, mit einer Vita zu Joseph Paxton, dem Architekten des Crystal Palace zu London, nebst einem Kurzbericht über die erste Weltausstellung London 1851. Beitrag zur Technikgeschichte.* (1)
  GRIN Verlag; Archivnummer: V132604,
  ISBN (E-Book): 978-3-640-38260-6; ISBN (Buch): 978-3-640-38312-2
- *Beitrag zur Entstehung und Entwicklung des Musicals.*
  GRIN Verlag; Archivnummer: V131395.
  ISBN (E-Book): 978-3-640-36639-2; ISBN (Buch): 978-3-640-36612-5.
- *Johann Bauschinger – Begründer der mechanisch-technischen Versuchsanstalten, mit dem Nachruf von Professor Adolf Martens und der Gedenkrede von Professor Friedrich Kick auf Professor Johann Bauschinger (1834-1893).*
  GRIN Verlag; Archivnummer: V132971,
  ISBN (E-Book): ISBN: 978-3-640-39292-6; ISBN (Buch): 978-3-640-39322-0.
- *Kompendium Papier – eine Chronologie mit einem umfangreichen Lexikon zu diesem alltäglichen Werkstoff.*
  GRIN Verlag; Archivnummer: V134334,
  ISBN E-Book): 978-3-640-40896-2; ISBN (Buch): 978-3-640-40940-2.
- *Der sächsische Lokomotivenkönig. Zum 200. Geburtstag des sächsischen Lokomotivenkönigs und Industriepioniers Richard Hartmann.*
  GRIN Verlag; Archivnummer: V137862,
  E-Book ISBN: 978-3-640-44585-1; ISBN (Buch): 978-3-640-44592-9.
  Mikroskop und Mikroskopie - Ein wichtiger Helfer auf vielen Gebieten mit Definitionen, Geschichte, Daten, Literatur.
  GRIN-Verlag; Archivnummer: V140522,
  ISBN (E-Book): 978-3-640-48209-2; ISBN (Buch): 978-3-640-48200-9.
- *Der Kristallpalast von London und sein Architekt Joseph Paxton. Der Glaspalast zu München. Das Schmieden und die Schmiedekunst. Historisches zur Metallbearbeitung. Beiträge zur Technikgeschichte (2).*
  GRIN-Verlag; Archivnummer: i. V.,
  ISBN (E-Book): i. V.; ISBN (Buch): i. V.
- *Geschmiedete blanke Waffen – Symbole der Macht, Kraft und Eleganz. Drahtherstellung. Beiträge zur Technikgeschichte (3).*
  GRIN-Verlag; Archivnummer; i. V.,
  ISBN (E-Book): i. V.; ISBN (Buch). i. V.

- *Erinnerungen an den 170. Geburtstag von Alexandre Gustave Eiffel und der Bau des Eiffelturms vor 115 Jahren.*
  Collection deutscher Erzähler – Eine Anthologie neuer deutschsprachiger Autorinnen und Autoren, Band 3, Frankfurt/Main : R. G. Fischer Verlag 2004,
  ISBN: 3-8301-0633-5.
- *Emil Heyn – Nestor der Metallkunde und Metallographie.*
  Stahl und eisen 125 (2005) Nr. 6, 15. Juni 2005, S. 54/56.
- *Vannoccio Biringuccio und die Pirotechnia.*
  Stahl und eisen 126 (2006) Nr. 3, 15. März 2006, S. 96/98.
- *Gedenken zum 100. Todestag.*
  Adolf Ledebur – Theoria cum praxi.
  Stahl und eisen 126 (2006) Nr. 6, 19. Juni 2006, S. 104/106.
- *Annaberger Museumsnacht mit einem neuen Angebot.*
  Emil Heyn zu Gast bei Adam Ries.
  Stahl und eisen 126 (2006) Nr. 9, 15. September 2006, S. 98.
- *Adolf Martens.*
  Erinnerungen an den Nestor aller Materialprüfungen der Technik.
  Stahl und eisen 127 (2007) Nr. 3, 15. März 2007, S. 112/114.
- *Reminiszenzen an den Baubeginn des Eiffelturms vor 120 Jahren.*
  Stahl und eisen 127 (2007) Nr. 11, 7. November 2007, S. 170/174.
- *Zum 110. Todestag von Henry Bessemer.*
  Henry Bessemer und sein Stahlgewinnungsverfahren.
  Stahl und eisen 128 (2008) Nr. 3, 17. März 2008, S. 118/120.
- *100. Todestag von Henry Clifton Sorby.*
  Henry Clifton Sorby gilt als Begründer der Metallographie.
  Stahl und eisen 128 (2008) Nr. 6, 16. Juni 2008, S. 104/106.
- *175. Geburtstag von Johann Bauschinger – Begründer der mechanisch-technischen Versuchsanstalten.*
  Stahl und eisen 129 (2009) Nr. 6, 16. Juni 2009, S. 100/102.
- *Zum 200. Geburtstag des sächsischen Lokomotivenkönigs und Industriepioniers Richard Hartmann (1809-1878).*
  Stahl und eisen 129 (2009) Nr. 11, November 2009, S. 129/131.

Annaberg-Buchholz im Dezember 2009.

Abstract.

Der dritte Band der Beiträge zur Technikgeschichte beinhaltet die Themen „Geschmiedete blanke Waffen – Symbol der Macht, Kraft und Eleganz“ wie auch die „Drahtherstellung - eine Schmiedtechnik und Schmiedetechnologie“ und er fasst ihre wesentlichen geschichtlichen Fakten in konziser Form zusammen. Das Buch ist für einen breiten Leserkreis von Interesse – sei es, um sich über die historische Entwicklung der Blankwaffen und/oder der Drahtfertigung zu informieren, oder um bereits Bekanntes aus ihrer Genese aufzufrischen, zu vervollständigen beziehungsweise nachzuschlagen. Sowohl das thematische E-Book wie auch das vorliegende Werk füllen eine Lücke zwischen Lehr- und Fachbuch und populärwissenschaftlichen technikwissenschaftlichen Veröffentlichungen zur Metallformung, wie zur Herstellung von Hand geschmiedeten blanken Waffen, aber auch zur Fertigung von Metalldrahtfertigung sowie zur Genese zum Schmieden als Handwerkskunst. Neben den kapitelbezogenen Schrifttumsangaben ist außerdem noch eine überaus umfangreiche Zusammenstellung über Zusatzliteratur zu der Schmiedetechnik und zu den historischen Blankwaffen aufgenommen.